참을 수 없는 중식의 유혹

참을 수 없는 중식의 유혹

1판 1쇄 발행 2020년 12월 21일

지 은 이   신디킴
펴 낸 이   신혜경
펴 낸 곳   마음의숲

대   표   권대웅
편   집   전유진 채수희
디 자 인   임정현 박기연
마 케 팅   노근수 김은빈

출판등록   2006년 8월 1일(제2006-000159호)
주   소   서울시 마포구 와우산로30길 36 마음의숲빌딩(창전동 6-32)
전   화   (02) 322-3164~5 팩스 (02) 322-3166
이 메 일   maumsup@naver.com
인스타그램   @maumsup
용지 (주)타라유통 인쇄·제본 (주)에이치이피

＊이 도서의 국립중앙도서관 출판예정도서목록(CIP)은 e-CIP홈페이지(http://www.nl.go.kr/ecip)와
　국가자료공동목록시스템(http://www.nl.go.kr/kolisnet)에서 이용하실 수 있습니다.
　(CIP제어번호: CIP2020052531)

참을 수 없는

중식의 유혹

흥미진진한
중식의 세계로
당신을 초대합니다

신디킴 지음

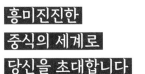

마음의숲

중국
지도

신장위구르족
자치구

간쑤성

칭하이성

시짱(티베트)
자치구

윈난성

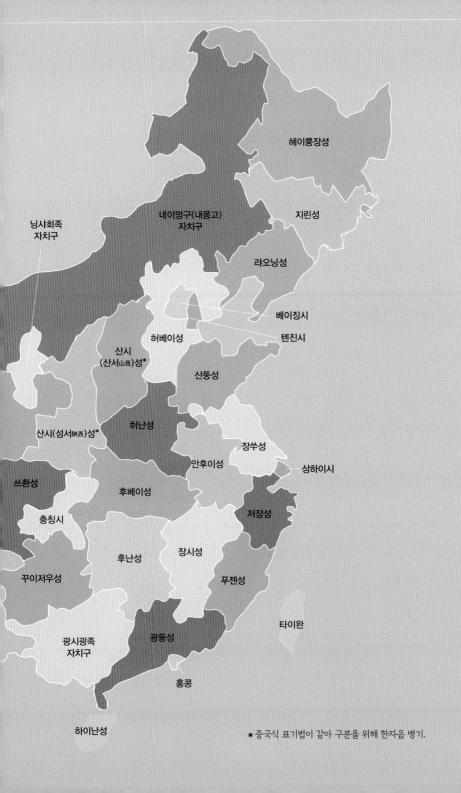

헤이룽장성

네이멍구(내몽고)
자치구

지린성

닝샤회족
자치구

랴오닝성

베이징시

텐진시

허베이성

산시
(산서山西)성*

산둥성

산시(섬서陝西)성*

허난성

장쑤성

안후이성

상하이시

쓰촨성

후베이성

충칭시

저장성

꾸이저우성

후난성

장시성

푸젠성

광시광족
자치구

광둥성

타이완

홍콩

하이난성

＊중국식 표기법이 같아 구분을 위해 한자음 병기.

차 례

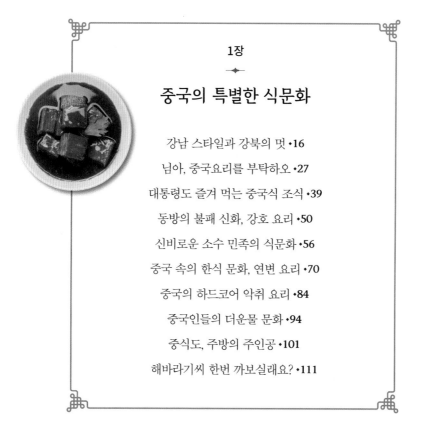

2장

중국요리, 어디까지 먹어봤니?

일러두기

- 중국 음식명의 경우 국립국어원의 외래어표기법을 따라 중국어 발음으로 표기하고, 한자를 함께 붙여두었다. 필요에 따라 한자음을 병기하되 일부 관용적인 표기는 절충하여 실용적 표기를 따랐다.

- 인명의 경우 신해혁명 이전의 인물은 한자음으로, 신해혁명 이후의 인물은 외래어표기법을 따라 표기하였다. 지명 또한 외래어표기법을 적용하여 표기하였다.

흥미진진한 중식의 세계로
당신을 초대합니다

중국요리를 드셔보셨나요?

이 질문에 몇 가지 음식이 떠오른다면 그 맛과 향을 떠올려보세요. 이 책은 거기서부터 접근해도 됩니다. 중국 당대의 소설가 왕증기는 말했습니다. "식사는 한 그릇에 담긴 인생사"라고요. 요리에는 한 사람이 먹고 살면서 쌓았던 기억이 다채롭게 담겨 있습니다. 작은 맛은 튀겨서 극대화하고, 숨은 맛은 달달 볶아서 꽃피우는 중국요리도 예외는 아니지요. 약 6만여 종류가 있는 중국요리를 본격적으로 접해보면 상상력은 자유로워지고 먹는 기쁨에는 한계가 없음을 알게 됩니다.

중국의 고전《주례周禮》를 보면 궁궐에서 일하는 4천 명 중 3천 4백여 명이 음식과 관련된 일을 했다고 기록되어 있습니다. 명나라 중기, 황제의 음식을 차리는 어선방御膳房에는 6천 3백여 명의 궁인이 일했습니다. 먹는 일이 곧 국가의 대사라 할 만큼 중요했습니다. 음식은 단순히 배불리 먹고 마는 것이 아니라 인문, 역사, 외교, 사회 등 모든 분야에 영향을 미치는 시작점이니까요. 그렇게 음식을 중요하게 생각했던 중국 사람들은 요리를 만들고 평할 때 색, 향, 맛, 형태, 그릇, 의미, 영양色香味形器意養을 종합적으로 따졌습니다.

중국 음식은 세계 음식사에 다양한 형태로 개입했습니다. 다양한 면 요리와 차나 콩을 활용한 음식들, 보양식 그리고 음식을 담는 도자기 등 중국 음식 문화를 이해하지 않고서는 세계 음식사의 흐름과 맥락을 바르게 이해할 수 없습니다. 지중해에서 출발하여 이슬람, 중앙아시아, 중국, 한반도에 이르는 식문화 벨트의 흐름을 살펴보면 인류 전체의 식탁이 눈에 훤히 들어올 것입니다.

특히 한국은 중국과 지리적으로 인접해 있어, 중국 식문화와 다양한 교류가 이루어졌습니다. 한식 문화를 제대로 이해하기 위해 중국의 음식 문화를 아는 것이 도움이 됨을 의미합니다. 식재료가 비슷한 것들이 많고 조리법도 뿌리가 같은 경우가 많으니까요. 서양의 식재료 중 중국을 통해 한국으로 들어온 것들도 많습니다. 이렇게 생각해보면 한국 음식과 중국 음식의 경계는 더욱 옅어집니다.

우리가 일상적으로 먹는 중화요리의 뿌리는 1882년 임오군란까지 거슬러 갑니다. 이 당시 한국으로 이주해 온 화교들에 의해 중화요리가 만들어졌습니다. 짜장면과 탕수육으로 대표되는 한국식 중화요리는 중국 대륙의 음식과 비슷한 듯 다른 모습으로 발전했습니다. 한국인의 입맛에 딱 맞아 사랑을 받아온 역사도 140년이 되어가지요. 요즘은 더욱 다양한 중국 음식의 풍경이 펼쳐지고 있습니다. 대림동이나 건대 인근에서만 팔리던 중국 음식들이 홍대와 강남 한복판까지 확산되고 "양꼬치엔 칭따오"와 같은 광고 카피가 나오며, 중국 현지에서 유행하는 음식들이 대기업 밀키트로 변신하여 마트 가판대에 올랐습니다. 중국요리와 우리의 삶이 더욱 밀접해진 요즘, 중국요리를 좀 더 깊이 있게 들여다볼 때입니다.

저는 중국에서 태어나고 자랐습니다. 식탁에는 매일 중국요리와 한식 찌개가 함께 올라왔지요. 설날 아침에는 떡국을 먹었고, 저녁이면 교자를 빚었습니다. 한국과 중국의 음식 문화를 동시에 겪으며 자란 것은 저에게 큰 행운이었습니다. 이후 베이징에서

10년이 넘게 잡지 에디터로 일하면서 자연스럽게 한국적인 시각으로 중국요리를 바라보는 안목을 익히게 되었습니다. 혀끝으로, 온몸으로 익힌 경험을 통해 한 그릇에 담긴 '중식의 유혹'을 이 책에 담아봅니다.

전작 《중국요리 백과사전》에 8대 요리를 근간으로 중국요리에 대한 정보들을 담았다면, 이 책에서는 중국요리에 담긴 문화에 대해 더욱 상세히 살펴보았습니다. 중국요리에 대한 기본적인 상식은 물론 중식의 기원을 파고들 수 있는 지침서가 되리라 생각합니다. 중국요리의 형성 배경과 조리법을 살피다 보면 서양 요리나 기타 외국 음식에서 발견하지 못한 색다른 매력을 찾아낼지도 모릅니다.

끝으로 아낌없는 조언을 주신 임선영 작가님, 멋진 책을 만들어 주신 권대웅 대표님께 깊은 감사를 드립니다. 아울러 사랑으로 키워주신 김선희 여사님과 늘 든든한 동반자가 되어 주신 채국진님에게도 감사의 인사를 드립니다.

2020년 12월

신디킴

강남 스타일과
강북의 멋

백 리가 넘으면 바람이 다르고
천 리가 넘으면 풍속이 다르다

남방과 북방 또는 강남과 강북. 중국을 지역적으로 나누어 비교하는 개념입니다. 대개 남방은 양쯔강 이남 지역을 가리키고, 북방은 황허를 중심으로 하는 지역을 의미하지요. 그런데 중국의 남방과 북방은 단순히 산과 물을 기준으로 나누는 지리적인 개념에 그치지 않습니다. 지형과 기후가 다르니 작물이 다르고, 작물이 다르니 식문화가 다르고, 자연스럽게 삶의 양식이 달라질 뿐만 아니라 사람들의 성격조차 달라집니다.

남방과 북방을 가르는 정확한 지리적 기준이 있는데, 중국을 횡단해서 지나는 친링이라는 산맥과 양쯔강의 지류인 화이허를 기준으로 나눕니다. 친링은 북위 33도 근방에 위치하며 해발 3천 7백 미터, 너비 2백 킬로미터에 이르는 거대한 산맥입니다. 화이허는 북위 31도에서 36도를 지나는 강으로 지류 면적이 27만 제곱킬로미터에 달하는 거대한 강입니다. 이러한 기준은 중국의 지리학자 장상문 선생이 1908년 저술한 《신찬지문학新撰地文學》이라는 문헌에 처음 등장하는데, "백 리가 넘으면 바람이 다르고, 천 리가 넘으면 풍속風俗이 다르다"라는 말에서 같은 나라지만 지리적 특성이 확연히 다름을 알 수 있지요.

또 북방에서 쓰는 말은 보통화를 기준으로 지역별로 억양만 조금씩 다릅니다. 경상도와 전라도 사투리 정도의 차이랄까요? 그러나 남방의 말은 매우 복잡한 체계로 나누어져 마을 하나만 넘어도 알아들을 수 없는 방언이 수두룩합니다. 추구하는 사상도 달라 북방에서는 공자의 유가 사상을 받아들이고 남방에서는 장자의 도가 사상을 숭배합니다.

그럼, 하나부터 열까지 다른 것 투성이인 남방과 북방의 식문화에 대해서도 알아볼까요?

물안개 피어오르는 3월이면 강남에 가리

강우량이 많고 기후가 따뜻한 남방에서는 벼농사를 지어 쌀을 주식으로 먹습니다. 이러한 쌀 문화권에서는 곁들여 먹는 요리가 발달하게 됩니다. 밥은 하루 세끼 똑같이 먹더라도 반찬은 늘 바뀌어야 하니까요. 물산이 풍족한 남방 지역은 자연스럽게 다양한 요리 체계가 형성되면서 정교하고 높은 식문화의 경지에 이르렀습니다. 중국의 8대 요리에 속하는 장쑤, 저장, 광둥, 후난, 푸젠, 후이저우, 쓰촨, 산둥 지역 중 산둥을 제외한 지역이 모

강우량이 많고 기후가 따뜻한 남방에서는
벼농사를 지어 쌀을 주식으로 먹습니다.
쌀 문화권에서는 곁들여 먹는 요리가 발달하게 됩니다.
밥은 하루 세끼 똑같이 먹더라도
반찬은 늘 바뀌어야 하니까요.

두 남방에 속합니다.

예로부터 남방은 '어미지향魚米之鄉', 즉 쌀과 생선의 고향이라 불릴 정도로 기후가 따뜻하고 살기 좋아 선망의 대상이었습니다. 남조 시대 소설가 은은의 고사에는 "전대에 돈을 가득 채우면 학을 타고 양저우로 가고 싶다"라는 말이 나옵니다. 당나라 시인 이백은 "물안개 피어오르는 3월이면 양저우에 가리"라는 시구를 남겼습니다. 양저우는 화이허 유역의 가장 대표적인 남방 도시입니다. 이 지역은 역사에 등장하는 부자와 문인, 은퇴한 관원 들이 꿈꾸는 무릉도원이었습니다. 남방의 매력에 푹 빠진 청나라의 건륭제는 재위 시절 여섯 번이나 출궁하여 강남을 찾았고, 일탈을 꿈꾸었습니다.

또 중국에는 '남첨북함南甜北咸'이라는 표현도 있습니다. 남방에서는 달게 먹고, 북방에서는 짜게 먹는다는 뜻입니다. 일조량이 많아 사탕수수가 많이 나는 남방 지역에서는 제당 기술이 발달하였고, 여러 음식에 설탕을 많이 넣어 먹었습니다. 부의 과시였죠. 지금도 장쑤, 상하이, 광둥 지역의 요리는 단맛이 강하기로 유명합니다.

천 리에 얼음 덮이고, 만 리에 눈 날리네

북방을 살펴봅시다. 기후가 건조하고 강우량이 적은 이 지역에서는 밀을 심어 면 요리를 주로 먹습니다. 국수, 만두, 전병 등이 발달했지요. 밀가루 음식 위주의 식문화는 한 상 가득 차리기보다 한 그릇에 뚝딱 먹는 문화입니다. 그래서 각종 고명을 얹은 국수는 물론, 고기와 채소를 포함한 갖가지 식재료를 넣은 만두의 종류가 상상을 초월합니다. 새해를 맞이하는 설날의 대표적인 음식인 만두는 북방의 산물입니다. 남방 사람들은 설날이 되면 주로 떡을 먹거든요. 남방에 차려진 만둣집에서는 '북방 자오쯔뎬餃子店'이라는 간판을 내걸기도 합니다. 북방 사람이 차린 정통 만둣집이라는 점을 강조하고 싶기 때문입니다.

북방에서는 식재료가 부족해지는 긴 겨울을 나기 위해 소금에 절이는 염장이 발달했습니다. 자연히 북방의 음식은 대부분 짜고 맛이 강해졌지요. 또 너른 초원에서 소와 양을 키우던 유목 습관이 그대로 남아 북방 민족은 소와 양의 고기를 선호합니다. 중국식 양고기 샤브샤브인 솬양러우涮羊肉, 우육면, 양꼬치 등이 북방에서 즐겨 먹는 음식입니다.

물산이 풍족한 남방 지역은
자연스럽게 다양한 요리 체계가 형성되면서
정교하고 높은 식문화의 경지에 이르렀습니다.

오래도록 유목 생활을 유지한
북방 민족은 소와 양의 고기를 선호합니다.

새해를 맞이하는
설날의 대표적인 음식,
만두

남북방의 음飮문화

작정하고 달리 살겠다고 결심한 듯, 남북 문화의 차이는 식문화 뿐만 아니라 차나 술 문화에서도 확연하게 드러납니다. 남방에서는 차를 마실 때 여러 다기를 사용하여 다도를 지키는 분위기 속에서 차분하게 마시고, 북방에서는 한 개의 그릇에 가이완차蓋碗茶 잎을 우려내어 마십니다. 북방 아저씨들은 차를 텀블러에 담아 벌컥벌컥 마시는 소탈한 모습을 보여주기도 하지요.

또 북방 사람들은 남방 사람들보다 주량이 셉니다. 특히 산둥, 둥베이, 내몽골 사람들은 바다 같은 주량을 자랑하는 것으로 유명합니다. 북방에서는 스스럼없이 술을 거나하게 마시며 시끌벅적 즐기지요. 반면 남방에서는 여럿이 모여서도 술 한 병이면 족할 정도로 과음하지 않습니다. 북방 사내들은 술을 홀짝홀짝 마시는 남방 사람들을 쪼잔하다 여기고, 남방 사람들은 목청껏 소리 지르며 흥이 넘치는 북방 사람들을 너무 시끄럽다 여깁니다. 물론 술자리에 정석은 없지만요.

외식업이 발달하고 물류가 고속화된 오늘날 남방과 북방의 식문화 차이는 크게 좁혀졌습니다. 상하이의 길거리에서도 면 요리나 양고기 요리가 넘치고, 베이징의 마트에서는 남방에서 나는 모든 채소를 살 수 있습니다. 프랜차이즈 레스토랑이 전국으로 포진하면서 지역 음식의 특성이 희미해지고 있습니다. 그러나 중국인들의 뼛속 깊게 새겨진 남북방의 정서를 알고 있다면 중국의 문화를 이해하는 데 큰 도움이 될 것입니다.

님아,
중국요리를 부탁하오

오랜 전통의 중식 문화를 다시 부흥시키려는
요리사들에게 건네고 싶은 말입니다.
"중국요리를 꼭 좀 부탁해요."

고금동서의 역사를 살펴보면 계급은 늘 존재합니다. 또 음식 문화만큼 계급의 차이를 잘 표현하는 것도 없는 듯합니다. 이는 중국에서도 마찬가지여서 식재료, 식기, 조리법, 보관법 등 다방면에서 양면성을 띠며 발전해 왔습니다.

황실, 귀족들을 위해서는 진귀한 식재료를 사용해 담백한 맛을 내는 기발한 조리법들이 발달하였습니다. 반대로 서민의 음식에는 얻기 쉬운 제철 채소를 이용해 자극적인 맛을 내는 절임, 훈제와 같은 노하우가 담겨 있습니다. 음식을 오래 보관하기 위해서였죠. 귀족들에게 음식이 맛과 영양을 챙기는 것은 물론 부와 명예를 과시하기 위한 수단이었다면, 민초에게는 우선 배를 채우는 것이었으니까요.

모든 식자재는 노동 계급에 의해 생산되지만, 재료를 깊이 있게 연구하고 가공시키는 일은 상류층의 몫입니다. 지금까지 전해져 온 대부분의 문헌은 상류층의 삶에 대한 기록입니다. 문화재로 보존되는 식기나 도자기 역시 귀족들이 사용했던 물품이고, 수많은 조리법과 담금법은 상류층을 위한 서비스였습니다. 중국의 식문화는 귀족들이 만들어 낸 것이라 해도 과언이 아닙니다.

귀족들에게 음식이 맛과 영양을 챙기는 것은 물론
부와 명예를 과시하기 위한 수단이었다면,
민초에게는 우선 배를 채우는 것이었습니다.

귀족들이 사용했던
식기

조조의 아들, 위문제 조비는 "3대를 거쳐야 비로소 옷 입을 줄 알고, 5대를 거쳐야 비로소 먹을 줄 안다"고 말했습니다. 대를 이어온 상류층만이 제대로 먹고, 입을 줄 안다는 뜻입니다.

또《논어論語》향당편을 살펴보면 공자의 일화가 등장하는데, 중국 귀족층이 수천 년 전부터 음식을 얼마나 까다롭게 먹었는지 알 수 있습니다.

"밥은 고운 쌀이라야 싫어하지 않았고, 회는 가늘게 썬 것이어야 싫어하지 않았다. 밥이 쉬어 맛이 변한 것과 생선이나 고기가 상한 것은 드시지 않았다. 빛깔이 나쁜 것도 안 드셨고, 냄새가 나쁜 것도 안 드셨다. 잘못 익힌 것도 안 드셨고, 제철이 아닌 음식도 안 드셨다. 썬 것이 반듯하지 않으면 안 드셨고, 간이 적절하게 들지 않은 것도 안 드셨다. 고기가 아무리 많아도 밥 생각을 잃을 정도로 드시지 않았다. 술만은 한정을 두지 않았으나 품격을 어지럽힐 정도까지 이르시지 않았다. 사 온 술과 육포는 드시지 않았다."

황제를 위한 식사, 만한전석滿漢全席

중국 음식 문화의 최고봉에는 황제를 위한 궁중 요리가 있습니다. 대표적인 궁중 음식으로 '만한전석'을 꼽는데, 청나라 강희제가 한족과 만주족의 화합을 위해 준비한 연회석 요리입니다. 만한전석에는 총 백여덟 가지 요리가 등장하는데 만주족의 특색을 담은 구이, 신선로 등은 물론 한족의 특기인 튀기고, 볶고, 지지는 다양한 요리가 있습니다. 남방 요리와 북방 요리가 절반씩 포함되며 전체 연회는 3일에 걸쳐 진행됩니다. 식재료는 제비집, 해삼, 상어 지느러미 등 고급 식재료부터 평범한 콩이나 두부에 이르기까지 산해진미가 총망라됩니다.

연회는 악사들의 은은한 반주와 더불어 갖가지 궁중 예식에 따라 절도를 지키며 품위 있게 진행됩니다. 입석 전 먼저 향을 피워 고사를 지내고 그 후 차와 견과류를 올립니다. 네 가지 과일, 네 가지 견과류, 네 가지 절임 과일이 먼저 오르고, 이후 차가운 요리, 볶은 요리, 후식 순서로 오릅니다. 연회석에는 '분채만수무강粉彩萬壽無疆'이라 불리는 궁중 그릇과 은 식기를 사용합니다. 만주에서 말을 타던 청의 황제는 대륙을 통일하고 그 성세의 존귀함을 음식에 담아내려 했습니다.

중국 음식 문화의 최고봉에는
황제를 위한 궁중 요리가 있습니다.

귀족들의 식문화, 관푸차이官府菜

궁중 요리 못지않게 요란한 '관푸차이'라는 것이 있습니다. 오늘날 고급 비즈니스 중식당에서 나오는 요리들의 원형이라 할 수 있지요. 옛날 관리들의 관저에서는 오고 가는 귀빈들을 위한 공무 연회가 수도 없이 열렸는데, 이럴 때 권세와 재력을 과시하기에 음식만큼 효과적인 수단도 없었습니다.

1874년에 세워져, 베이징의 청나라 관푸차이의 원형을 그대로 살려낸 〈탄자차이譚家菜〉 레스토랑의 세트 메뉴를 살펴보겠습니다. 〈탄자차이〉의 요리 코스에는 격식에 맞춰 여덟 가지 차가운 요리, 여덟 가지 뜨거운 요리, 네 가지 생선 요리, 네 가지 채소 요리와 탕 요리가 포함됩니다. 그 외 후식으로 네 가지 생과일과 네 가지 견과류, 귀한 차 한 주전자가 마련됩니다.

귀족들의 요리는 자세를 한껏 낮추어야 합니다. 모양새가 황제의 위상을 넘어가면 위험하니까요. 흔한 식재료를 메인으로 쓰되 진귀한 것들은 보이지 않는 보조 재료로 씁니다. 중국의 고전 소설《홍루몽紅樓夢》에는 체샹茄鯗이라는 가지 요리가 등장합니다. 등장인물 왕희봉이 말하는 체샹의 레시피는 다음과 같습니다.

"닭 십여 마리를 진하게 우려 육수를 냅니다. 가지는 껍질을 벗겨내고 고기와 함께 다져서 닭기름에 튀겨냅니다. 닭가슴살과 버섯, 두부, 죽순을 다져 따로 쪄냅니다. 마지막으로 모든 식재료를 함께 솥에 넣고 찐 다음 닭발과 함께 볶습니다."

숱한 조리 과정을 거쳐 만들어 낸 요리지만 겉모습은 그저 가지볶음입니다. 현대에 와서 많은 중식 조리사들이 이 요리를 재현해내기도 합니다. 체샹은 관부 요리의 특징을 잘 보여주는 사례입니다. 겉보기에는 평범하지만 보이지 않는 부분에서 은밀하게 남다름을 한껏 표현하고 있지요.

또 관푸차이는 중도의 맛을 추구합니다. 오고 가는 타 지역 관리들을 배려하여 지역적 특색을 배제하고, 늙은 관료들의 치아가 좋지 않은 점을 고려하여 부드러운 식감을 내도록 조리합니다. 짜고, 맵고, 단 것 모두를 지양하고 담백한 맛에 충실합니다.

맵고 짜고 신맛을 내는 서민 요리

농약, 비료가 개발되기 전 중국의 식재료 생산율은 매우 낮아 오랜 세월 중국 서민들은 굶주린 배를 채우기 위해 치열하게 살아왔습니다. 주식을 많이 먹고 부식이 적은 상황에서 가난한 서민들은 매운맛, 신맛, 짠맛이 강한 자극적인 음식을 만들어 먹는 게 최선이었습니다. 얼마 되지 않는 식재료를 아끼는 것은 필수였지요. 절임 채소, 라러우臘肉*, 말린 건어물은 어렵게 구한 식재료를 오래 보존하기 위한 삶의 지혜에서 탄생했습니다.

반찬을 밥에 곁들여 먹는 동아시아 문화권에서 반찬이 짠 이유는 대개 비슷한데, 맛보다는 생존을 위해서입니다. 적은 양의

소금과 각종 향신료에 절인 돼지고기.

반찬으로 최대한 많은 밥을 먹기 위해서는 자극적인 맛이 필수니까요. 중국에서는 이런 류의 음식을 '샤판차이下飯菜', 즉 밥을 뱃속으로 밀어넣기 위한 반찬이라고 합니다.

고추가 서민들의 사랑을 받게 된 것은 매운맛이 짠맛을 대체할 수 있다는 이유 때문이었습니다. 소금은 매우 비싸고 귀한 것이어서 소금이 적게 나는 지역에서는 짠맛을 대체할 새로운 향신료가 필요했습니다. 1721년에 작성된《사주부지思州府志》에 따르면 "고추는 라화라고도 부르며 토족, 묘족 사람들은 고추로 소금을 대체했다"고 기록되어 있습니다.

매운 음식으로 유명한 마라탕은 충칭의 부두 노동자들이 여러 재료를 한 그릇에 담아 자극적인 매운맛으로 잡냄새를 감춰서 먹었던 음식입니다. 취두부, 털두부, 삭힌 오리알 등 기상천외한 음식들은 사실 상했지만 버리기 아까워 먹게 된 음식입니다. 이외에도 강한 향신료를 사용하는 요리들 역시 서민 요리라고 보면 편합니다.

님아, 중국요리를 부탁하오

오늘날 중국의 고급 식당은 저장, 장쑤, 산둥, 광둥 요리를 전문으로 하는 곳이 많습니다. 물산이 풍부하고 경제가 발달했던 지역의 격조 높은 음식 문화가 접대의 일부로 자리 잡은 것입니다. 2020년에 선정된 베이징의 미쉐린 3스타 레스토랑 또한 저장 요리 전문점 〈신룽지新榮記〉입니다.

반면에 쓰촨, 둥베이, 시베이 지역 음식들은 각 지역의 골목 음식 문화를 형성하여 다양성을 자랑하고 있습니다. 이외에도 향신료와 식재료 간의 변화무쌍한 조합, 남과 북을 어우르는 새로운 조리법의 탄생, 고금동서의 맛을 한 솥에 담아내며 중국의 음식 문화는 더욱 다양해지고 있습니다.

양극화된 음식 문화는 어찌 보면 차별이지만 중국의 수많은 음식을 만들어낸 동력이기도 합니다. 1949년 신중국 창립 이후 사회주의 체제의 평준화 시스템 때문에 수천 년간 고수해왔던 궁중 요리, 관부 요리의 기조가 잠시 길을 잃었습니다. 그러나 다행히도 최근 젊은 요리사들 사이에서 고전 요리를 배우고, 그 속에 담긴 철학을 녹여내려는 움직임이 트렌드로 떠오르고 있습니다. 음식을 좋아하는 사람으로서 이보다 더 반가운 일이 있을까요? 오랜 전통의 중식 문화를 다시 부흥시키려는 요리사들에게 건네고 싶은 말입니다.

"님아, 중국요리를 꼭 좀 부탁해요."

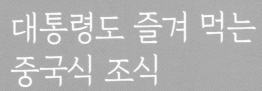

대통령도 즐겨 먹는
중국식 조식

이른 아침 복잡한 환경 속에서 파는
노점 음식에는
따뜻한 마음이 담겨 있습니다.

아침을 깨우는 동네 조식 가게

어슴푸레한 새벽부터 동네 조식 가게는 분주하게 움직입니다. 기름 가마에서는 유탸오油條가 지글지글 튀겨집니다. 스팀기 위에 얹어놓은 죽통 속에서는 아기 볼살처럼 통통한 만두가 익어가고 있지요. 푸푸, 지글지글, 툭탁툭탁, 조식을 만들어내는 소리는 마치 ASMR처럼 온 골목에 넓게 울려 퍼집니다. 고소한 향이 도둑고양이처럼 창 너머로 슬며시 들어와 주민들의 새벽잠을 깨우면, 사람들은 하나둘 파자마 바람으로 조식 가게 앞에 줄을 섭니다.

부스스한 머리와 팅팅 부은 얼굴로 그날의 첫 끼를 기다리며 스스럼없이 이웃들과 인사를 나눕니다. 오랜 이웃들끼리는 팔짱을 낀 채 간밤에 봤던 TV 드라마 이야기로 시간 가는 줄 모릅니다. 아침마다 조식 가게는 동네 사랑방이 되어줍니다. 수다 타임도 잠시, 주문한 아침 메뉴가 나오면 잽싸게 집으로 뛰어가고요. 이불 속에서 자고 있던 식구들이 일어나 식탁에 앉으면 다시 수다 타임이 시작됩니다.

오피스 타운의 조식 리어카는 좀 더 빠른 속도로 움직입니다. 죽은 먹기 편하게 종이컵에 담아 빨대를 꽂아줍니다. 만두는 비닐봉지에, 전병은 먹기 좋게 종이 팩에 싸서 건네줍니다. 출근길이 바쁜 사람들은 조식을 받아들고 가던 길을 재촉합니다. 길거리에서 사 온 조식을 입에 물고 컴퓨터를 켜는 일은 중국 대도시 사무실에서 볼 수 있는 흔한 풍경입니다.

중국인들은 대부분 아침을 밖에서 사 먹는 음식으로 해결합니다. 동네마다 조식을 만들어 파는 가게가 있고 회사가 밀집된 상업 지역, 지하철역 입구에는 어김없이 조식 리어카들이 진을 치고 있지요. 사람들은 그날 기분에 따라 조합을 바꿔가며 먹습니다.

중국의 조식 종류는 〈김밥천국〉의 메뉴만큼이나 다양합니다. 한국의 '김떡순(김밥, 떡볶이, 순대)'처럼 전국 어디에서나 맛볼 수 있는 조식 메뉴는 다음과 같습니다. 고기 또는 채소를 넣고 통통하게 찐 만두, 밀가루 반죽을 길쭉하게 늘여 기름에 튀겨낸 유탸오, 신선한 콩을 갈아 만든 더우장豆漿, 순두부처럼 부드러운 더우푸나오豆腐腦, 좁쌀이나 흑미로 만든 죽. 여기에 지역에 따라 선호하는 특색 메뉴들이 있습니다. 지난해 텐센트에서 촬영한 왕성즈 감독의 다큐멘터리 〈조찬중국早餐中國〉은 무려 100회 분

중국인들은 아침을 집에서 해 먹지 않고
대부분 밖에서 사 먹는 것으로 해결합니다.

43

조식 문화의 정점,
딤섬

량에 달합니다. 지역별 조식을 다루는 이 다큐멘터리를 보며 중국인들조차 조식의 다양함에 혀를 찰 정도지요.

이처럼 중국에서는 지역별 특색이 조식에도 반영됩니다. 톈진 사람들은 지단관빙鷄蛋灌餠에 대한 자부심이 가득합니다. 녹두가루로 만든 전병에 달걀을 넣어 부친 뒤 갖가지 토핑을 얹은 것을 좋아하지요.

상하이 사람들은 따뜻한 국물에 만두를 빚어 넣은 훈툰餛飩을 좋아합니다. 뜨끈한 국물과 오밀조밀 빚어진 훈툰을 숟가락으로 뜬 뒤 후후 불어 삼킵니다. 전병, 유탸오, 쯔판퇀滋飯團이라 불리는 찹쌀 주먹밥, 두유를 '조식의 4대 금강'이라고 부르며 즐겨 먹기도 합니다.

우한에 가면 러간몐熱幹面이라고 부르는 참깨장 비빔면이 있습니다. 우한 사람들은 버스를 타거나 길을 걸으면서도 비닐봉지에 담긴 러간몐을 먹는 신공을 보여주기도 합니다.

조식 문화의 정점에는 광둥 사람들이 있습니다. 아침부터 차를 마시며 앙증맞게 빚어진 만두를 곁들여 먹습니다. 광둥 사람들의 조식은 '딤섬點心'이라는 세련된 이름으로 널리 알려져 미쉐린 가이드북의 단골 메뉴로 꼽힙니다.

이니 세트와 시따따 세트

중국의 조식은 '이니 세트'라는 이름으로 한국에 알려지기도 했습니다. 2017년 문재인 대통령이 국빈으로 중국에 방문했을 때, 호텔 인근의 서민 식당에서 중국의 조식 문화를 체험했다는 뉴스가 보도되었기 때문입니다. 이때 중국식 조식은 한국의 일간지 1면을 장식할 만큼 큰 주목을 받았습니다. 중국에서도 이 뉴스가 주목받으면서 문재인 대통령에 대한 호감도가 급상승했습니다. 해당 식당에서는 '문재인 세트'라는 조식 세트 메뉴까지 출시했습니다.

조식을 이용한 친서민 행보는 문재인 대통령이 처음 시작한 게 아닙니다. 2013년의 어느 아침, 시진핑 주석은 베이징의 〈칭펑바오쯔慶豐包子〉라고 하는 조식 전문점에 나타났습니다. 그는 직접 고기만두와 두유, 유탸오를 시켜 자연스럽게 혼밥을 시작했지요. 이 깜짝 방문이 주변에 얼마나 많은 경호 요원을 잠복시켜 두고 펼친 퍼포먼스인지 아닌지는 그리 중요하지 않았습니다. 그의 행보는 적극적이며 소탈한 이미지로 이어졌고 '시따따(시진핑 아저씨)'라는 귀여운 별명까지 얻었습니다. 〈칭펑바오쯔〉에서도 '시따따 세트'가 판매되고 있습니다.

쌀죽에 곁들이는
다양한 토핑

오피스 타운의
조식 리어카

47

40조 원에 달하는 중국의 조식 시장

조식은 대부분 길거리 노점에서 팔고 있지만, 프랜차이즈로 운영되는 '고급진' 조식도 있습니다. 35년 전 〈융허다왕永和大王〉은 길거리에서 파는 유탸오와 두유, 만두를 깔끔한 패스트푸드로 전환시켜 대 히트를 쳤습니다. 정갈하게 튀겨진 유탸오와 종이컵에 담겨 스타벅스 커피처럼 나오는 두유는 순식간에 아침 식사의 품격을 높여 주었지요. 어디 그뿐인가요? 아침에만 반짝 팔고 일찌감치 문을 닫는 일반 조식 가게와 달리 늦은 밤까지 조식 메뉴를 즐길 수 있게 되었습니다. 〈융허다왕〉에 뒤질세라 중국 KFC에서도 2002년부터 조식 메뉴를 팔기 시작했습니다. 죽, 유탸오, 만두, 두유 등 중국식 메뉴를 출시하며 현지화에 성공합니다.

〈베이징샹바오北京商報〉에 따르면 중국 조식 시장의 규모는 연간 40조 원에 달한다고 합니다. 이른 아침 복잡한 환경 속에서 파는 노점 음식이지만 아메리칸 브렉퍼스트나 프렌치 브런치에 못지않은 따뜻함이 있습니다. 매일 누군가를 위해, 따뜻한 이불을 박차고 몇 블록씩 걸어 나가 밥을 사 오는 것, 가족에 대한 사랑이 아니면 쉽지 않은 일이니까요.

동방의 불패 신화,
강호 요리

중국의 골목골목에는 작은 식당이 성업 중인데
이 모습이 마치 강호 무림의 고수들과 같아서
'강호 요리'라 부릅니다.

마라 맛의 중국요리가 한국에서 유행하고 있습니다. 마라탕, 훠궈火鍋, 마라룽샤麻辣龍蝦 레스토랑이 곳곳에서 성업 중입니다. 배달 앱에서도, 편의점 가판대에서도, 대기업의 밀키트에서도 그 모습을 찾아볼 수 있지요. 마라는 이미 오래전 중국 전역을 점령한 뒤, 인류를 정복할 기세로 전 세계를 종횡무진하고 있습니다.

마라 요리는 왜 이토록 사랑을 받는 걸까요? 곰곰이 따져보면 한국인들이 매운맛을 선호해서가 아닙니다. 전 세계의 사랑을 받는 요리들의 특성을 살펴보면, 규범화된 조리 방식에 따라 만들어진 공장화된 소스를 현지의 식재료와 적절히 배합했다는 공통점이 있습니다. 이미 만들어진 소스를 툭툭 넣으면 완성되기에 요리사는 특별히 할 일이 없는 것이지요.

웍 좀 휘둘러봤다는 사람이면 거뜬히 주방에 설 수 있고, 부족한 부분은 강한 매운맛과 조미료로 보완합니다. 누구나 쉽게 만들 수 있는 것은 물론, 양도 많고 맛도 자극적이어서 중독성이 강하지요. 이런 요리들을 중국에서는 '강호 요리'라고 부른답니다.

'맛 보장, 양 보장' 강호 요리

중국의 골목골목에는 작은 식당들이 성업 중인데 이 모습이 마치 강호 무림의 고수들과 같아서 '강호 요리'라 부릅니다. 이 식당에 들어가 보면 공통으로 걸린 메뉴는 훠궈, 마라탕, 마라샹궈麻辣香鍋, 마라룽샤 같은 요리입니다. 쓰촨 요리가 강호 요리의 주류를 형성하고 있는 것이지요.

쓰촨 요리는 마라의 중독성이 지배하고 있다 해도 과언이 아닙니다. 푸짐하게 먹을 수 있는데다가 고급 요리 실력이 필요치 않기에 누구나 쉽게 접근할 수 있지요. '맛 보장, 양 보장'이라는 원칙으로 강호 요리는 불패의 신화를 이어가며 중국 전역을 제패하고 있습니다.

장쑤나 광둥, 저장 요리라고 자부하는 음식들은 뛰어난 셰프가 필요하기에 강호 요리처럼 쉽고 빠르게, 널리 퍼질 수 없습니다. 고급 중식으로 꼽히는 이 요리들은 요리사의 뛰어난 솜씨와 더불어 숙달된 보조 인력이 필요하고, 까다로운 식재료 사용과 조미료 간의 배합을 중요시합니다. 제대로 된 본토식 고급 중식당이 서울 시내에 많지 않은 이유이기도 합니다.

요리계의 무림 고수,
강호 요리

충칭 임시 수도를 따라 유행한 쓰촨 요리

무림의 고수가 된 쓰촨 요리가 중국 전역에 명성을 얻게 된 계기가 있습니다. 중일전쟁이 발발하자 국민 정부는 수도 난징을 버리고 충칭을 임시 수도로 정해 이주했습니다. 상하이, 난징 등지가 일본군에 함락되자 1937년부터 1946년까지 동남부 지역의 엘리트들은 대거 충칭과 쓰촨 지역으로 모입니다. 그중에는 고관대작들과 몰락한 부자들도 있었습니다.

이 시기 폭발적인 인구 이동은 충칭, 청두 지역의 요식업 발전을 촉진시켰고, 지역의 특색을 갖춘 요리들이 부유층 연회석에 오르는 계기가 되었습니다. 자극적인 매운맛을 거부하던 사람들도 쓰촨 요리의 매력에 흠뻑 빠지기 시작한 것입니다. 서민 음식이었던 훠궈는 처음으로 은 식기에 담겨 연회석에 오르게 되었고, 매운 쓰촨 요리는 전쟁으로 인해 피폐해진 심신을 달래주었습니다. 요리뿐만 아니라 중국의 유명 백주 브랜드 중에도 〈우량예五粮液〉〈루저우라오자오瀘州老窖〉〈랑주郎酒〉등 쓰촨 지역 술이 많은데 이 시기에 귀족층에게 널리 사랑받으며 유명해지기 시작한 것입니다.

전쟁이 끝나고 충칭의 크고 작은 식당을 드나들던 고객들은 타이완으로, 베이징으로, 상하이로 돌아갔습니다. 그들은 한때 추억이 담긴 음식들을 찾기 시작했고 그렇게 쓰촨 요리는 중국 어디서나 맛볼 수 있는 음식이 되었습니다.

신비로운
소수 민족의 식문화

새로운 맛과 독특한 것에 목말라 있는 미식가들에게
소수 민족들의 밥상은
신기한 보물들로 가득 찬 보석 상자 같습니다.

중국에는 쉰다섯 개의 소수 민족이 살고 있습니다. 그들은 주로 시베이와 시난, 둥베이 지역에 분포되어 고유의 생활 방식과 음식 문화를 유지하고 있지요. 중국요리는 한족들의 8대 요리를 기반으로 하지만, 다양한 소수 민족 음식들이 중국의 음식 문화를 더욱 다채롭게 해주었습니다.

초기 한족들은 쌀 위주의 식문화에 더하여 가축을 길러 식량으로 이용했습니다. 여기에 중앙아시아 여러 민족에 의해 전해진 밀, 북방 유목 민족들의 소고기 또는 양고기 같은 식재료나 샤브샤브와 같은 조리법 등이 전파되었습니다.

소수 민족의 식문화와 독특한 식재료, 조리법은 중국 관광객들의 호기심을 자극했습니다. 여행의 활성화로 소수 민족의 마을은 관광지로 거듭났고, 그들의 음식을 먹어보는 것은 이색 체험으로 전단지 속 한자리를 차지합니다. 찾아온 방문자들의 입맛을 사로잡은 음식들은 대도시로 진출되어 한동안 인기몰이를 하지요. 새로운 맛과 독특한 것에 목말라 있는 미식가들에게 소수 민족들의 밥상은 신기한 보물들로 가득 찬 보석 상자 같습니다.

이슬람 식문화를 고수하는 회족

당나라 시기부터 중국에 유입된 페르시아인, 아랍인 무리는 중국에 거주하며 회족이라는 새로운 민족을 형성했습니다. 회족은 한족과 동화되어 한어를 쓰고 외모상 한족과 구분이 되지 않습니다. 다만 그들은 이슬람교를 믿으며 이슬람 율법에 따라 식사를 하고, 칭전쓰淸眞寺라 불리는 이슬람교 사원을 다닙니다.

이슬람 경전인 코란의 가르침에 의하면 자연사한 동물, 동물의 피, 이슬람식으로 제를 지내지 않고 도살한 가축과 가금류는 먹지 않게 되어 있습니다. 때문에 회족들은 '칭전淸眞'이라는 특유의 표시를 붙인 정육점에 가거나 '칭전판덴淸眞飯店'이라 부르는 이슬람 식당에서만 식사를 합니다.

회족 음식 중 란저우라멘蘭州拉面이라 부르는 면이 있습니다. 란저우라멘은 마보자라는 사람에 의해 만들어진 뒤 큰 인기를 얻으며 중국 전역에서 사랑을 받고 있습니다. 란저우라멘은 수타국수를 기본으로 합니다. 뜨끈한 소고기 육수에 두툼한 소고기 편육을 얹고, 그 위에 고수, 파, 고추기름, 무 등을 올려 먹으면 푸근한 맛에 가슴이 후련해집니다.

베이징과 산둥 지역에 모여 사는 회족들은 양고기 요리에 한족이 주로 사용하는 볶고 튀기는 조리법을 적극 이용하였습니다. 대표적인 것이 양고기 샤브샤브로 유명한 둥라이순東來順, 각종 양고기 볶음요리로 알려진 카오러우완烤肉宛 등이 있지요. 중국 곳곳에 위치한 노포는 따지고 보면 모두 회족들의 식당에서 비롯된 것이라 해도 무방합니다.

양고기를 즐겨 먹는 몽골족

몽골족은 오랜 역사를 자랑하는 드라마틱한 민족으로, 원나라가 중원을 통일하면서 그들의 식문화는 중국에 깊은 영향을 미쳤습니다. 몽골인들은 육류를 '홍식紅食'이라 부르고 유제품은 '백식白食'이라 부릅니다. 먼저 백식에는 소와 양, 말, 낙타 따위의 젖으로 만든 요구르트를 비롯하여 유락*, 두부, 버터, 기름 등 다양한 것이 있습니다. 특히 우유로 만든 두부는 부드러운 식감과 달콤새큼한 맛으로 잘 알려져 있는데, 열량을 공급해주고 단백질을 보충해주는 훌륭한 음식입니다.

하지만 뭐니 뭐니 해도 몽골의 대표 음식은 홍식, 그중에서도

동물의 젖으로 만든 크림.

양고기입니다. 그들에게는 양고기와 도수 높은 백주를 맘껏 대접하는 것이 손님을 맞이하는 최고의 방식이지요. 기마 민족에게 양은 주요 식재료이자 부의 상징이었는데, 그들은 양고기를 구워서 먹거나 말려서도 먹었습니다. 삶아서 손으로 찢어 먹는 서우좌러우手抓肉 또한 매우 유명합니다. '베이징 버전 신선로'라 불리는 솬양러우涮羊肉는 바로 쿠빌라이가 즐겨 먹었다는 양고기 샤브샤브에서 비롯되었습니다. 양 통구이 역시 호기로운 몽골족의 기질을 담은 요리입니다.

양꼬치의 원조, 위구르족

실크 로드의 중앙에 있는 신장은 위구르족 등 사십여 개의 소수 민족이 모여 사는 곳입니다. 위구르족의 음식 중 우리에게 가장 익숙한 것은 양꼬치입니다. 양을 통째로 구워 먹거나 손으로 찢어 먹는 몽골식과 달리 위구르족은 양고기를 잘게 썰어 먹기를 즐깁니다. 하나씩 꼬챙이에 꽂아 숯불에 구워 먹거나 양고기를 다져 넣고 화덕에 구운 만두도 유명합니다. 이곳의 양꼬치는 기계가 자동으로 돌아가는 레스토랑에서 우아하게 먹는 것이 아닙니다. 주먹만 한 고기 덩어리가 붙은 채로 노점에서 뽀얀 연

63

기를 날리며 구워지는 신장 양꼬치야말로 야생미 넘치는 음식이지요.

'낭饢'이라 부르는 구운 빵은 라지 사이즈 피자 정도의 크기로, 위구르족 사람들의 주식입니다. 보관이 쉽고 장기간 휴대가 가능해서 이동식 식량으로 활용하지요. 이태리 피자가 낭에서 변형된 음식이라는 설도 있습니다. 밀가루 반죽을 동그랗게 밀어 모양을 잡은 다음 구멍이 숭숭 뚫리도록 도장을 찍어 예쁜 무늬를 낸 뒤, 화덕에 넣고 굽습니다. 먹을 때 주의할 점이 있다면 낭은 통째로 들고 먹는 것을 금기시합니다. 갓 구워진 따끈한 낭을 뜯어서 양꼬치 한 줄과 곁들여 먹으면 신장 음식을 제대로 즐겼다고 볼 수 있지요.

수유차와 짠바, 티베트족

에베레스트의 산자락에 살고 있는 티베트족은 칭커青稞라 부르는 티베트 보리로 만든 음식을 먹습니다. 칭커는 그들의 주식으로 옛날 티베트 사람들은 외출할 때 항상 나무 그릇과 수유차, 칭커가루를 지니고 다녔습니다. 시장기가 느껴지면 나무 그릇에 칭커가루와 수유차를 섞어 손으로 비벼서 먹었다고 하지요. 이

칭커가루를 이용해 짠바糌粑라고 부르는 음식 또는 국수를 만들어 먹거나 술을 빚기도 합니다. 지금도 현지에서는 짠바를 주식으로 먹습니다. 짠바 먹기는 티베트를 찾는 여행객들이 꼭 한 번씩 시도해보는 민속 체험이기도 합니다.

티베트인에게 짠바보다 더 소중한 것이 있으니 바로 수유차입니다. 수유차는 진하게 끓인 찻물에 소나 양의 젖, 소금, 수유를 섞어 끓인 음료로 시중에서 흔히 먹을 수 있는 밀크티보다 단맛이 적고 묵직한 바디감을 띱니다. 혹독하게 추운 고산 지대에 사는 티베트인들의 몸을 따뜻하게 덥히고 열량을 보충하는 역할을 합니다.

수유차는 마시기도 하지만 신에게 바치는 귀한 제물로도 쓰입니다. 티베트의 포탈라궁을 방문하면 순례자들이 수유차를 보온병에 들고 다니며 기도를 드리는 모든 신에게 수유차를 올리는 모습을 볼 수 있습니다.

묘족의 핵인싸 요리, 쏸탕위酸湯魚

중국의 시난, 습기가 많은 이 지역에 모여 사는 묘족들은 신맛과 매운맛을 선호합니다. 그들의 음식에는 홍산과 백산이라는 중요한 양념장이 들어가는데, 홍산은 야생 토마토 발효액이고 백산은 곡물 발효액입니다. 쌀뜨물을 끓여 발효시키기에 막걸리와 유사한 맛이 납니다. 홍산은 훌륭한 양념장이 되고 백산은 모든 요리의 육수가 되어주지요.

묘족의 음식인 쏸탕위는 백산을 베이스로 사용하여 홍산과 민물고기를 넣고 끓인 전골 요리입니다. 보글보글 끓어오르는 탕 속에서 산미를 빨아들여 육질이 탱글탱글해진 생선 살을 고춧가루, 다진 파, 마늘, 콩가루 등을 넣어 만든 소스에 찍어 먹습니다. 칼칼하면서도 새콤한 쏸탕위는 묘족 부락을 넘어 중국의 중심 도시에서도 사랑받는 유명한 요리가 되었습니다.

백족들의 치즈, 루산乳扇

사계절이 온화한 윈난성은 쌀과 옥수수, 보리 등 물산이 풍부한 지역인데, 이곳에 살고 있는 백족은 모계 사회로 집안에서 어머니의 지위가 가장 높습니다. 백족들의 건물 지붕에 봉황이 위, 용이 아래에 새겨져 있는 것이 그 증거입니다.

백족의 음식 중에는 치즈류가 가장 유명합니다. 루빙乳餅이라 부르는 치즈 떡을 빚어 먹기도 하고요. 루산이라 부르는 치즈는

해외 미식가들에게도 잘 알려져 많은 사람이 찾고 있습니다. 햇볕에 말려 끝이 살짝 치켜 올라간 모양이 부채 같다 하여 이름 붙여진 루산은 나른하고 쫀득해서 불에 살짝 그을리도록 구운 뒤 설탕에 찍어 먹으면 별미입니다. 기름에 바짝 튀겨 먹거나 차에 호두와 흑당을 함께 넣고 끓여 먹기도 합니다.

중국의 대도시에서 소수 민족 전문 식당들이 성업 중입니다. 도심의 공원에 군데군데 세워진 몽골식 게르에서는 양 통구이를 굽습니다. 3시간씩 걸려야 비로소 완성되는 양 통구이를 기다리는 동안, 지루하지 않도록 노래와 춤 퍼포먼스가 끊이지 않습니다. 이국적인 멜로디와 춤사위를 자랑하는 위구르족 식당에서는 몇 시간씩 줄 서기가 기본이고요. 묘족들의 요리인 쏸탕위는 연예인들도 즐겨 찾는 인기 요리입니다. 깨끗한 소나 양고기를 구하기 위해 한족들이 일부러 회족 마을에 있는 칭전 정육점을 찾기도 합니다. 소수 민족과 한족의 융합 및 교류는 지금 이 순간에도 계속되며 새로운 음식 문화를 만들어가고 있습니다.

중국 속의 한식 문화,
연변 요리

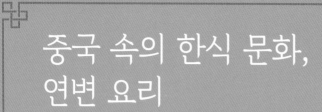

연변의 음식 문화는 한민족의 정체성을 이어가면서
한족 음식과의 결합을 이루어냈고
나아가 방대한 중국요리에 영향을 주기도 했습니다.

우리나라 사람들은 세계 곳곳에 뿌리를 내리고 살면서 전통 음식 문화를 계승하고 색다르게 발전시켜 왔습니다. 중국과 한국 음식의 교집합이 되는 연변 음식은 오래전 둥베이 지역으로 이주해간 동포들의 음식 문화입니다. 연변의 음식 문화는 한민족의 정체성을 이어가면서 한족 음식과 결합을 이루어냈고 나아가 방대한 중국요리에 영향을 주기도 했습니다.

연변 동포들의 이주사

조선 사람들의 중국 이주 역사는 17세기까지 거슬러 갑니다. 《조선왕조실록》에는 "숙종 2년(1676년) 개주(현 중국 단둥 일대)에 우리나라 사람 수백 호가 그들끼리 마을을 형성하고 있는데 서로 간에 혼인하여 언어, 음식, 상례, 가요 등의 방면에서 아직도 우리의 습속을 지키고 있다고 한다"고 나와 있습니다.

한편 청나라는 수도를 베이징으로 옮긴 후, 드넓은 관내 지방에 대한 통치를 강화하기 위하여 둥베이에 있는 청장년들을 끊

윤동주 시인의 모교
명동학교 옛터

임없이 군대에 편입시켜 데려갔습니다. 그리하여 이 시기 둥베이의 인구가 줄고 황무지는 많아지게 된 것입니다.

19세기 중엽 청나라 조정에서 둥베이 지역에 실시하였던 봉금 정책이 점차 해이해지자 한반도의 조선인들은 두만강을 건너 만주로 이주하기 시작합니다. 광서 7년(1881년), 두만강 북안 일대에 거주하는 조선 유민의 인구는 수천 명에 달했고 그들이 개간한 땅은 수만 평에 달하였습니다.

이런 상황을 뒤늦게 발견한 청나라 조정에서는 의외로 강한 쇄국 정책이 아닌 관용 정책을 펼칩니다. 1907년에 발간된《연변변무보고延邊邊務報告》에 따르면 "광서 11년(1885년), 청나라 조정은 두만강 이북의 길이 7백 리, 너비 50리 정도의 지역을 전문 개간 구역으로 확정하고, 조선 유민들이 이곳에서 자유롭게 땅을 개간하고 집도 지으며 살게 했다"고 합니다.

이후 일제강점기에 이르러 항일 운동의 제약을 피해 경상도와 충청도 등 내륙 지방 사람들이 만주로 대거 이민합니다. 그들은 민족 사관 학교를 세우고 무장 독립군을 양성하는 등 적극적인 독립운동을 펼쳤습니다. 이회영, 김약연과 윤하현, 신채호 등등 이루 헤아릴 수 없는 애국지사들이 이 지역에서 활동했지요. 윤동주 시인의 고향인 용정 명동촌도 바로 연변 지역에 있습니다.

그렇게 몇 세대에 걸쳐 만주 땅에 정착해 살던 조선인들은 1945년 해방 후 일부는 고국으로 돌아가고, 대다수는 중국에 남아 '조선족'이라 불리게 되었습니다. 그들은 광복과 함께 미처 돌아오지 못했던 '코리안 디아스포라'입니다.

둥베이에서 조선인들이 가장 많이 모여 사는 연변 지역은 '자치주'라는 행정 구역으로 구분되었고, 이곳에서 한국어를 배우고 한국인들의 음식 문화 및 미풍양속을 유지할 수 있도록 했습니다. 중국에 이주해간 조선 사람들 가운데 가장 많은 것이 함경도 사람이고 그 다음이 평안도 사람이며 세 번째는 경상도 사람입니다. 연변 음식은 자연스레 가장 많은 숫자를 차지했던 함경북도 지역의 음식 문화를 바탕으로 형성됩니다.

한반도에 뿌리를 둔 연길 냉면

연변 음식 중 중국에서 가장 유명한 것이 연길 냉면입니다. 한족들 가운데 연길이 어디인지는 몰라도 연길 냉면을 모르는 사람은 없을 정도입니다. 함흥 냉면에 기초한 연길 냉면은 차가운 육수와 찰진 면발 위에 여러가지 고명을 얹어냅니다.

연길 냉면의 국수는 밀가루, 메밀가루, 고구마가루, 도토리가

중국에서 가장 유명한
연변 음식, 연길 냉면

루를 혼합한 반죽으로 뽑습니다. 면발은 투명한 검은색을 띠는데 식감으로 따지자면 함흥 냉면보다 두텁고 평양 냉면보다 훨씬 쫄깃합니다.

연변 최고의 냉면집으로 꼽히는 〈진달래냉면〉의 요리법을 살펴보면 육수는 소고기, 간장, 소금을 넣어 약한 불에 푹 끓여낸 후 돼지고기 육수와 닭고기 육수를 여과하여 함께 씁니다. 평양 냉면의 육수가 고기향이 순하게 배어 있는 맛이라면, 연길 냉면의 육수는 톡 쏘는 듯한 신맛과 단맛이 훨씬 강하게 느껴집니다. 가장 차별화되는 부분은 고명에 있습니다. 소고기 편육, 양배추 김치, 양념장, 닭고기 완자, 지단, 삶은 달걀, 연변산 사과와 배 조각을 올립니다.

고수를 얹어 먹는 연변식 소고깃국

소고깃국은 한식에서 빼놓을 수 없는 중요한 음식입니다. 연변에서는 소고깃국을 '소탕'이라고 부릅니다. 양지와 무릎뼈를 푹 고아 만든 육수에 고기를 손으로 찢어서 올립니다. 소탕의 묘미는 '소즙'이라 부르는 양념장에 있는데 고추기름에 파를 볶다가 간장, 소금, 방아 잎을 넣어 걸쭉하게 만듭니다. 맑은 소고깃국에 양념장 한 숟가락 올린 뒤 거기에 고수와 파를 고명으로 얹어 먹으면, 갈비탕처럼 맑은 색이 나지만 기름기가 훨씬 많아 맛이 깊습니다.

소고깃국에 들어가는 재료를 잘 살펴보면 연변 요리에서 한족의 식문화 영향을 받은 대표적인 식재료를 찾을 수 있습니다. 바로 고수입니다. 중국요리에 자주 쓰이는 고수는 연변에선 여러 탕 요리에 고명으로 올리기도 하고 무침 요리를 할 때 곁들여 넣기도 합니다. 잘 여문 고수 씨를 볶아 가루를 내어 김치 양념으로도 씁니다.

소고깃국의 주재료로 사용되는 연변 황소는 중국 5대 우량소* 중 하나로 꼽힙니다. 청나라 시기부터 조선인들이 연변 일대로 이주하면서 소를 함께 몰고 왔는데, 1924년경에는 3만여 마리에 달하였다는 기록이 있습니다. 연변 황소가 우수 품종으로 사육될 수 있는 것은 원 품종의 우수성과 더불어 한민족의 특별한 소 사양법과 깊은 관계가 있다고 하지요.

섬서 지방의 친촨소秦川牛, 허난 지방의 난양소南陽牛, 산둥 지방의 루시소魯西牛, 산서 지방의 진난소晉南牛 그리고 연변 황소가 있다.

명태 만두

연변식 소고깃국,
소탕

연변식 명태 요리들

명태는 한국인의 밥상에서 빠질 수 없는 음식입니다. 명태는 바다와 떨어진 육지에 사는 조선인들에게 고향에 두고 온 바다의 맛을 떠올리게 해주는 고마운 생선입니다. 연변 지역에도 이 명태를 이용한 요리가 많습니다. 명란, 창란, 생태탕, 북어무침과 같이 한반도 전역에서 즐겨 먹는 음식 외에도 명태 순대, 명태 만두, 명태볶음, 명태 껍질볶음, 짝태 등 매우 많은 명태 요리가 있습니다.

어획 가능한 바다가 없는 연변에서 해산물을 즐겨 먹던 조선인들에게 명태는 먹을 수 있는 해산물의 전부라 해도 무방했습니다. 해방 초기 중국에서는 연변 동포들의 식습관을 배려하여 이 지역의 명태 무역을 우선적으로 허락하기도 했고요.

명태 순대

생태, 북어는 숙취를 해결하기 위한 식재료라는 인상이 깊지만 연변에서는 오히려 술안주라는 인식이 강합니다. 말린 명태를 그을리도록 살짝 구워 먹기 좋게 찢은 뒤, 양념장에 찍어 술안주로 씁니다. 말린 고추와 명태를 볶아 먹는 명태볶음도 술안주로 기가 막힌 요리지요. 배부를 일이 없어 애주가들이 즐겨 찾습니다.

명태로 만든 순대나 만두도 꼭 추천하고 싶습니다. 명태 순대는 명태 대가리에 밥을 얹어 찐 다음, 살집이 두툼하게 붙어 있는 꼬리 부분과 뽀얀 국물을 같이 담아 올립니다. 명태를 푹 고아 밥물로 썼기에 알알이 깊은 생선의 맛이 배어 있습니다. 한술 뜬 밥을 국물에 살포시 적셔 하얀 명태 살을 얹어 먹으면 동해 어촌의 풍경이 눈앞에 펼쳐집니다.

명태 만두는 명태 살을 발라내고 난 껍질에 찰밥을 곱게 싸서 찐 만두 요리입니다. 예전에는 명태의 내장과 알을 파내고 그 속에 쌀을 채워 만들었지만, 요즘은 명태의 껍질을 피로 삼아 밥을 싸서 먹기 좋게 했습니다. 주먹밥처럼 하나씩 집어 우물우물 먹기 딱 맞지요.

찹쌀을 소로 쓰는 순대

팔도강산 전역에서 즐겨 먹는 음식 중 순대를 빼 놓을 수 없겠지요. 순대는 연변 지역 이주민들을 따라 두만강을 건너면서 다양한 모습으로 변신했는데, 돼지 창자에 소를 넣은 순대 외에도 고추 순대, 가지 순대, 명태 순대 등 다양한 종류의 순대가 있습니다.

연변의 돼지 순대는 크게 큰밸 순대와 작은밸 순대로 나누어집니다. '밸'은 '배알'의 준말로 창자를 의미하니, 익숙한 방식으로 표현하면 대창 순대와 소창 순대입니다. 창자에 들어가는 소도 색다릅니다. 당면을 넣어 만든 한국의 순대와 달리 이곳에서는 돼지 피, 다진 돼지비계, 찹쌀, 시래기, 다진 마늘, 다진 파 등을 섞어 소로 씁니다. 이 소를 '피밥'이라고 합니다. 대창 순대는 소가 더 푸짐하게 들어가 한 조각만 먹어도 포만감이 들고요. 소창 순대는 피가 얇아 소시지처럼 오도독 씹히면서 찹쌀밥의 쫀득함이 치고 올라오는 재미가 느껴집니다. 미리 간을 해서 넣은 소 때문에 특별히 소스를 곁들이지 않아도 충분히 맛이 납니다. 이 지역에서는 파, 고수, 고춧가루를 넣어 만든 간장소스에 순대를 찍어 먹습니다.

우리의 정서와 맛을 그대로, 떡과 만두

연변에서는 떡 문화도 상당히 발달했습니다. 인절미와 비슷한 찰떡은 팥고물에 묻혀 먹습니다. 찰떡을 먹으면 찰싹 붙는다는 풍속이 이곳에도 전해지고 있어 시험 날이면 학부모들의 기도와 정성을 담은 떡들이 고사장 대문을 도배합니다. 돌잔치나 결혼식, 큰 명절에도 떡을 빼놓을 수 없습니다.

멥쌀가루를 반죽하여 만든 증편과 비슷한 쉼떡, 떡가루에 콩이나 팥을 얹어 시루에 찐 시루떡 등은 기본이고요. 팥을 소로 넣은 송편도 해 먹는데 '만두기'라고 부릅니다. 한민족의 정서가 계승된 떡은 지금도 그 모습 그대로 동포들의 집안 행사에 빠지지 않고 등장합니다.

'밴새'라 불리는 만두 역시 연변 음식에서 빼놓을 수 없습니다. 함경도식 사투리를 따라 이름 붙여진 연변의 밴새에는 입쌀 밴새, 감자 밴새, 밀가루 밴새 등이 있습니다. 소로는 양배추, 무, 배추 또는 김치나 산나물을 넣습니다.

중국의
하드코어 악취 요리

향기와 악취의 경계는 허물어지고
중독성 짙은 맛으로 기억됩니다.
이것이 바로 악취 요리의 매력 아닐까요?

향香과 취臭의 사전적 의미는 정반대에 가깝습니다. 그런데 향과 취가 음식에서 드러날 때면 둘 사이에 묘한 연결 지점이 생깁니다. 참을 수 없이 역한 냄새를 풍기는 음식이 입안에 들어오는 순간 구수한 향과 짙은 감칠맛으로 다가오지요. 향기와 악취의 경계는 허물어지고 중독성 짙은 맛으로 기억됩니다. 이것이 바로 악취 요리의 매력 아닐까요?

거부감과 불쾌함을 주는 요리에는 다양한 것이 있습니다. 우선 식재료 본연의 복잡한 향에 의해 불쾌함이 느껴지는 음식들입니다. 예를 들면 고수나 두리안이 있지요.

발효를 거친 음식에서도 역한 냄새가 느껴지는 경우가 있습니다. 이는 단백질이 미생물에 의해 분해되면서 생겨난 아미노산 때문입니다. 향미가 고도로 집중되어 강렬한 냄새를 풍기지만 먹어보면 오히려 감칠맛이 고조되어 형언할 수 없는 진한 맛을 느낄 수 있습니다. 청국장이나 취두부, 홍어, 치즈가 모두 이 범주에 속합니다.

마지막으로 시각적 이미지에 의한 불쾌함이 있습니다. 특별히 역한 냄새가 나지는 않지만, 심적 거부감이 작동하게 되는 것이죠. 내장 요리나 선지 요리, 곤충 요리 등을 꼽을 수 있겠습니다.

세계 곳곳에서 악취 요리를 즐겨 먹습니다. 한국의 청국장이나 서구의 치즈, 중국의 취두부 등 같은 문화권이 아니라면 도무지 이해할 수 없는 냄새의 음식들이 있지요. 익숙하지 않은 타인에게는 '후각 테러' 음식이지만 누군가에게는 엄마의 손맛이고, 추억이나 향수를 불러일으키는 음식입니다.

사실 우리가 음식을 먹을 때 혀로 느끼는 맛은 다섯 가지에 불과하지만, 삼키면서 목 뒤쪽으로 휘발되는 향을 통해 훨씬 다양한 맛을 느낀다고 합니다. 뿐만 아니라 뇌는 미각, 후각, 촉각을 결합하여 최종적으로 맛을 판단합니다. 냄새를 맡았을 때는 괴롭지만 먹을수록 색다르고 깊은 맛이 느껴지는 이유입니다. 코로 맡은 냄새에 속아 지레 겁먹는다면 세상의 많은 미식을 놓치게 되지요.

특히 중국에는 발효를 통한 악취 요리들이 참으로 많습니다. 초기에는 산패된 음식을 버리기 아까워 먹으면서 자리잡은 것이지만, 식문화가 고도로 발전한 지금도 악취 요리는 지역의 문화적 상징이 되어 전해지고 있습니다.

샨차이莧菜, 비름 줄기절임

중국 저장성의 닝보와 사오싱 지역은 악취 요리를 즐기기로 유명한 동네입니다. 매년 5, 6월이면 강남 지역의 우기가 시작되어 바람마저 축축하게 젖어 드는데, 절임채를 발효시키기 더없이 좋은 기후 조건이지요. 이때가 되면 비름 줄기를 손마디만큼씩 잘라서 절이기 시작합니다. 오뉴월에 담근 비름 줄기는 삼복철이 되면 서서히 이끼 같은 푸른색을 띠며 독특한 향을 풍기기 시작합니다. 낯선 사람들은 부랴부랴 코를 싸쥐고 도망가기 바쁘지만, 이곳 사람들에게는 천금을 주고도 바꿀 수 없는 고향의 향기입니다.

이렇게 절여낸 비름 줄기를 각종 육류와 함께 볶아내면 미묘한 감칠맛이 도는 요리가 완성됩니다. 사오싱 출신인 루쉰 선생도 가장 즐겨 먹는 요리로 비름 줄기절임을 꼽았다고 합니다.

우리가 김칫국으로 찌개를 해 먹거나 조림 요리의 밑간을 하듯이, 비름 절임물인 처우루臭鹵는 절대 버릴 수 없는 소중한 식재료입니다. 집집마다 한 항아리씩 보관해 두었다가 잘 발효된 처우루에 동과, 두부, 토란 등을 담가 먹습니다. 비름 절임물에 담가낸 두부를 기름에 튀긴 취두부가 대표적인 음식이지요.

뤄쓰펀螺蛳粉, 우렁이 쌀국수

우렁이 쌀국수 뤄쓰펀은 발냄새처럼 퀴퀴한 냄새가 진동하지만, 전국에 마니아들을 거느리고 있습니다. 뤄쓰펀은 돼지 뼈와신 죽순, 다슬기를 넣어 만든 육수에 쌀국수를 담가 먹는 음식입니다. 뤄쓰펀의 영혼은 절인 죽순에 있습니다. 퀴퀴하고 오묘한맛을 내는 산미가 바로 죽순에서 나는 것이지요. 우렁이 쌀국수에 우렁이가 들어가지 않을지언정 죽순이 빠질 수는 없습니다.

호불호가 극명한 맛에 매우 특이한 냄새가 나서 첫 시도는 정말 힘듭니다. 그런데 청국장이 그러하듯 처음을 극복하면 묘한중독성이 있습니다. 육수와 쌀국수에 토핑으로 땅콩, 무절임, 파,야채, 목이버섯을 얹으면 완성됩니다. 부드러우면서 쫀득한 면에 오독오독한 땅콩과 아삭아삭한 무절임이 어울려 만들어내는입체적인 즐거움에 춤추듯 한 그릇을 금방 비워낼 수 있습니다.

삭힌 음식 중 갑, 취두부

여러가지 악취 요리 중 가장 운수 좋은 놈은 취두부입니다. 세계적으로 이름을 알렸으니까요. 취두부는 중국의 동네마다 다

우렁이 쌀국수,
뤄쓰펀

비름 줄기절임,
샨차이

창사 취두부

사오싱 취두부

베이징 취두부

있는 음식입니다. 그중 사오싱 취두부, 창사 취두부, 베이징 취두부가 가장 유명한데, 지역마다 만드는 법이 약간씩 다르지만 고약한 냄새는 한결같습니다. 이 구린내가 역하게 날수록 더욱 맛있다는 것이 정설입니다.

앞서 말한 사오싱 취두부는 비름 국물에 푹 담가낸 두부를 튀긴 것으로 노란색을 띱니다. 보기에는 튀김 두부와 다르지 않습니다. 후난성 창사의 취두부는 검은색을 띱니다. 죽순을 발효시켜 나온 먹처럼 검은 물에 3~4시간 담가두면 두부가 시커멓게 변합니다. 까맣게 변한 두부를 기름에 지글지글 익혀 고추 양념을 얹어 먹습니다. 고소한 향미가 느껴지는 취두부에 양념의 매콤하고 달달한 맛이 더해져 첫인상과 아주 다른 풍미를 선물해줍니다.

사오싱, 창사 취두부가 절임물에 담갔다 낸 두부라면 베이징 취두부는 두부 자체를 발효시킨 것입니다. 세 가지 취두부 중 악취가 가장 강하지요. 끈적끈적하고 눅눅한 크림치즈와 같은 식감이라 '차이니즈 치즈'라고도 불립니다. 베이징 취두부는 튀겨 먹지 않고 빵에 발라 먹거나 국수를 먹을 때 비빔장처럼 넣어 먹습니다.

신맛이 나는 더우즈豆汁

베이징 사람들이 즐겨 먹는 더우즈는 녹두를 갈아 두유처럼 만든 것입니다. 녹두에 포함되어 있는 단백질을 발효시켜 만든 것으로 신맛이 나며, 코를 찌르는 쉰내에 선뜻 다가갈 수 없습니다. 베이징 사람들은 조식 메뉴로 더우즈를 즐겨 먹습니다. 쿰쿰한 향이 나는 더우즈를 홀홀 마시면서 연신 감탄하지요. 한번 시도해보고 싶다면 요령이 있습니다. 설탕이 잔뜩 들어 있는 참깨 전병이나 매운맛이 강한 절임채를 곁들여 먹으면 부담을 덜어줍니다. 설탕 한 스푼 푹 떠서 넣어도 살짝 요거트 맛이 나서 괜찮습니다.

구린내 나는 쏘가리

스웨덴에 수르스트뢰밍, 한국에 홍어가 있다면 중국에는 처우구이위臭鳜魚가 있습니다. 직역하면 '구린내 나는 쏘가리'라는 뜻으로 삭힌 생선 요리입니다. 옛날 생선 장수들이 강에서 잡은 쏘가리를 운반하는 과정에서 생선의 부패를 막기 위해 소금을 한 층씩 뿌려가며 쌓았는데 그게 며칠 지나면서 삭아버린 것이 원

흉이었습니다. 그런데 삭힌 생선의 퀴퀴한 맛이 오히려 별미였다고 합니다. 생선 살은 더욱 쫄깃해지고 발효되면서 젓갈 같은 풍부함이 느껴지는 것이지요. 기름에 튀겨내면 고약한 냄새는 사라지고 구수한 향만 남아 다른 지역 사람들도 그 맛을 보면 잊지 못할 지경입니다.

중국인들의
더운물 문화

상류층의 역사적 전통이었던 더운물 습관이
보온병을 통해 널리 보급되면서
오늘날 중국인들의 습관을 완전히 바꿔버렸습니다.

중국은 물론 홍콩이나 타이완 등 중화권 사람들은 모두 더운 물을 즐겨 마십니다. 식당에 비치된 물은 사계절 내내 뜨거운 찻물입니다. 아파서 병원에 가면 의사 선생님은 말미에 꼭 따뜻한 물을 많이 마시라고 당부하고요. 바이러스 치료에 관한 각종 민간요법이 난무하는 가운데 가장 흔하게 보이는 것 역시 '더운물을 많이 마셔라'입니다. 남녀노소를 가리지 않고 텀블러를 들고 다니며 차나 뜨거운 물을 수시로 마십니다. 심지어 물뿐만 아니라 맥주나 콜라도 미지근하게 마십니다.

중국의 크고 작은 호텔에 빠지지 않고 비치된 포트만 봐도 중국인들의 더운물 사랑을 알 수 있습니다. 한국을 찾는 중국 방문객들이 가장 난감해하는 부분이 한겨울에도 찬물을 내주는 것이라고 합니다. 중국인의 '더운물 사랑'은 오랜 역사를 지니고 있으니, 1960년대 중국의 혼수품에서 보온병이 빠지지 않을 정도였다고 합니다. 그 사랑을 충분히 짐작할 수 있겠죠?

음차에서 비롯된 더운물 문화

더운물을 마시는 습관은 오래된 '음차飮茶' 문화에서 시작됩니다. 차는 뜨거운 물에 우려서 마셔야 하니 자연스럽게 더운물을 선호하게 되었지요. 송나라 시인 두뢰는 시 〈한야寒夜〉에서 "추운 밤 손님이 찾아오니 차로 술을 대신하고, 화로에 물 끓어오르니 숯불이 빨갛게 타오르네"라고 썼습니다. 물을 덥혀 준비해놓고 손님을 기다리는 누군가의 뒷모습이 그려지지 않나요?

더운물 문화는 상류층의 생활 속에 자연스레 스며들다 못해 종교처럼 번졌습니다. 심지어는 차가운 물을 그대로 마시면 죽는다는 말까지 생겨났습니다. 명나라 희종 시기의 대신 양련은 간신의 박해로 투옥되어 자신이 누명을 벗을 수 없다는 것을 알게 되자 가서家書에 "매일 아침 찬물을 마시며 빨리 죽기만을 바란다"는 글을 남기기도 했지요.

그런데 고대의 모든 중국 사람이 쉽게 뜨거운 물을 마셨던 것은 아닙니다. 일반 가정에서 나무나 석탄은 귀중한 연료였으니까요. 밥을 짓거나 요리를 만들기에도 부족했던 땔감이기에 뜨거운 물을 수시로 끓여 마실 수는 없었습니다. 서민들의 경우엔 환자나 노인이 있는 집에서나 겨우 물을 끓여 마셨습니다.

추운 밤 손님이 찾아오니
차로 술을 대신하고,
화로에 물 끓어오르니
숯불이 빨갛게 타오르네

역병과 함께 보급된 더운물 문화

1932년, 중국에 대규모 역병이 돌아서 수만 명이 사망했습니다. 감염병을 예방하는 데 깨끗한 물만큼 중요한 것은 없지요. 상수도 시설이 제대로 갖춰지지 않았던 시절인지라, 당시 정부는 질병 예방 차원에서 '신생활 운동' '생수 마시지 않기' '더운물 마시기' 캠페인을 대대적으로 펼쳤습니다. 그 바람에 더운물을 변변히 마실 수 없는 시민들을 위해 끓인 물을 파는 숙수熟水점이 따로 생길 정도였지요. 당시 상하이에만 숙수점이 2천 개나 등장했다고 합니다.

이에 앞서 1925년 9월에는 중국의 첫 보온병 공장이 문을 열었습니다. 더운물을 즐겨 마시는 중국인들에게 보온병은 4대 발

더운물 마시기
캠페인 포스터

명품에 견주는 어마어마한 물건이었지요. 보온병은 한때 부의 상징이었지만 공장이 가동되고 점차 보급화되면서 전 국민이 뜨거운 물을 쉽고 간편하게 이용할 수 있게 되었습니다. 1997년 중국의 보온병 판매량은 2억 6000만 개에 달했다고 합니다. 중국의 기차역이나 병원, 학교 같은 공공장소에 가보면 비치된 옛날 보온병을 볼 수 있습니다.

보온병을 대체한 텀블러

중국인들은 텀블러에 더운물을 담아 휴대하고 다니며 수시로 마십니다. 나이 지긋한 어른들만의 이야기가 아닙니다. 90년대 이후에 태어난 젊은 세대들도 건강 관리의 필수품으로 텀블러와 구기자를 꼽습니다. 따뜻한 차를 마시거나 구기자 또는 대추처럼 건강에 이로운 열매들을 더운물에 넣어 마시는 것이죠. 2017년 중국 온라인 플랫폼 〈타오바오〉와 〈티몰〉에서 팔린 텀블러 판매 총액은 한화로 4900억 원에 달합니다.

실제로 뜨거운 물은 혈액 순환 및 소화를 개선하고, 변비를 완화하여 독소를 배출시킵니다. 이외에도 수면을 유도하는 등 많은 이점이 있습니다. 중국인들은 굳이 뜨거운 물을 마시지 않더

라도 끓여서 식힌 물을 고집합니다. '카이수이開水'라는 말도 있는
데, 끓여낸 물을 의미하는 단어지요. 상류층의 역사적 전통이었
던 더운물 습관이 백 년 전 캠페인과 보온병을 통해 널리 보급되
면서 오늘날 중국인들의 습관을 완전히 바꿔버렸습니다.

　모쪼록 중국을 방문했을 때 삼복 철에 뜨거운 찻물을 내주더
라도, 미지근한 맥주와 콜라를 만나더라도 당황하지 말기 바랍
니다.

중식도,
주방의 주인공

칼 사용의 중요성은 역사적으로도 오랫동안 강조되었습니다.
그래서 훌륭한 중식 조리사는 우선 중식도를 자유자재로
사용할 수 있도록 기본기를 연마합니다.

두부를 얇게 썰어 만든
원쓰더우푸

중국요리에서 중시하는 요소로는 불의 조절, 웍의 사용, 식재료의 분별력 등이 거론되지만 핵심은 단연 칼의 사용에 있습니다. 칼은 식재료와 사람을 이어주는 연결 고리로 요리 과정에서 신선한 식재료만큼이나 중요하지요. 옛날 중국에서는 음식 조리를 '거펑割烹'이라고 불렀는데 베고, 끓이는 기술을 의미합니다.

그래서 훌륭한 중식 조리사는 우선 중식도를 자유자재로 사용할 수 있도록 기본기를 연마합니다. 《장자張子》양왕편에 "칼이 날카롭지 않으면 제대로 벨 수 없고, 감칠맛이 나지 않아 맛이 배지 않으며, 불 맛을 충분히 입지 못한다"라는 말이 있을 정도로 칼 사용의 중요성은 역사적으로도 오랫동안 강조되었습니다.

중국에서는 약 1천 4백 년 전부터 중식도를 사용해왔는데, 당나라 때 널리 쓰이다가 원나라 때에는 한족들의 반란을 막기 위해 다섯 가구에 하나씩 사용하도록 규제했다고도 합니다.

다른 나라의 칼에 비해 크고 무거우며 널찍한 중식도는 칼등이 두텁고 칼날이 얇아 무게감과 절삭력 모두 뛰어납니다. 칼날로는 여러 가지 식재료를 썰고 칼등으로는 뼈와 둔탁한 재료를 부술 수 있습니다. 또 장식에 쓰이는 갖가지 모양을 조각하기도 합니다. 잘 다루기만 하면 만능인 칼이지요.

중식도 제대로 고르기

제대로 된 중식도는 어떻게 생겼을까요? 우선 칼날은 예리하고 칼등은 두꺼워야 합니다. 칼날의 곡률은 생선의 배처럼 완만한 곡선이 그려져야 합니다. 네모난 중식도의 칼날 모서리는 뾰족하며 살짝 치켜든 모양을 띱니다. 이 칼끝으로 생선을 손질하고 내장을 제거하거나 식재료에 모양을 조각합니다. 넓은 면은 손질한 식재료를 한꺼번에 쓸어 담아 옮기는 역할을 하고, 경우에 따라 도마로도 활용하지요.

무엇보다 중식도는 무게감이 중요합니다. 식재료를 자를 때 칼날의 날카로움보다는 칼의 무게를 활용하기 때문에 무게감을 컨트롤하는 것이 칼을 내 편으로 만드는 비법입니다.

중식도는 얼핏 보면 네모난 하나의 모양에 불과하지만 종류도 참 다양해서, 칼을 제대로 쓰는 조리사는 여러 용도의 중식도를 갖추고 있습니다. 편도片刀, 상도桑刀, 문무도文武刀, 골도骨刀, 구강도九江刀, 소납도燒臘刀, 편피도片皮刀, 박피도拍皮刀 등이 있습니다. 일반 가정에서 널리 쓰이는 중식도는 채도 썰고 뼈도 부술

편도

5:3 비율의 사각형, 칼등은 약 4밀리미터.
편으로 자르거나 채썰기할 때 사용.
날카로운 것이 특징이며
뼈를 자르는 데 쓰지 않는다.

구강도

강물처럼 휘어진 모양으로
갈비와 같은 작은 뼈나
닭 또는 오리의 뼈를 부술 때 쓴다.

문무도

식재료를 자르거나 뼈를 부수는 것이
모두 가능하여 문무도라 부른다.
무겁고 두터운 것이 특징.

박피도

칼날을 연마하지 않고 그대로 사용.
새우나 마늘 등의 식재료를
칼면으로 두드려 부술 때 쓴다.

소납도

광둥 지역에서 거위, 닭, 비둘기 등
구이 요리를 자를 때 쓴다.

상도

칼의 면이 길고 칼날이 평평하다.
고기를 자를 때 쓰며
가볍고 얇은 것이 특징.

편피도

베이징 카오야(오리 요리) 전용 칼로
오리를 편으로 썰 때 사용.

골도

뼈를 자르거나 부술 때 쓴다.
앞부분이 무겁고 칼날이 둔하다.

수 있는 문무도입니다. "칼 하나로 세상을 누빈다"는 말에서 칼
은 바로 이 문무도를 가리키지요.

중국요리는 지방마다 중요시하는 것들이 다릅니다. 산둥 요
리는 불의 활용을 중시하고 쓰촨 요리는 맛의 조화를 중시하는
데요. 칼의 기법을 중요시하는 지역은 장쑤입니다. 쏘가리를 다
람쥐 모양으로 칼집을 내어 튀겨내는 쑹수구이위松鼠鱖魚나 두부
를 머리카락처럼 얇게 채쳐 요리한 원쓰더우푸文思豆腐, 돼지고
기를 큐브 모양으로 썰어 탁구공처럼 뭉쳐낸 스쯔터우獅子頭 등
은 모두 장쑤 지방의 요리로 중국의 뛰어난 식도법食刀法을 보여
줍니다.

중식도 브랜드 알아보기

세계에서 가장 뛰어난 주방 칼로 독일산과 일본산을 꼽습니
다. 독일산은 내구성이 뛰어나고 일본산은 가볍고 날카로운 것
으로 유명하지요. 하지만 대부분의 중국 가정에서는 중식 맞춤
형인 중국산 칼을 선호합니다.

십팔자작+八子作

중식도는 전국적으로 생산되고 매우 다양한 브랜드가 있지만 그중 광둥성 양장의 〈십팔자작〉이 가장 유명합니다.

칼의 도시로 불리는 양장의 칼 제조 역사는 1천 4백 년에 달합니다. 양장은 해상 실크 로드의 거점으로, 전략적 요충지에 있어 크고 작은 전쟁이 끊임없이 일어났습니다. 그래서 전장에 필요한 무기를 제조하는 기술이 발달하였고, 이 기술이 민간에 전해지며 수많은 공방이 생겨났습니다.

자체로 발전하던 칼 공방들은 1956년부터 몇 개의 국영 공장으로 운영되다가 1983년 인수 합병되어 〈십팔자작〉 산하에 들어왔습니다. 〈십팔자작〉은 창설자 리량후이의 성씨인 '이李' 자를 십+, 팔八, 자子로 분리하여 지은 이름입니다. 현재 중국의 중식도 브랜드 중 시장 점유율이 62퍼센트에 달하며 중국 브랜드로서는 유일하게 세계에서 알아주는 주방 칼로 손꼽힙니다. 중국의 모든 식당 주방에서 십팔자작의 중식도를 찾을 수 있을 정도로 조리사들의 사랑을 받고 있습니다.

금문채도金門菜刀

타이완의 유명한 중식도인 〈금문채도〉 역시 전쟁과 관련이 있습니다. 1949년, 국민 정부가 타이완으로 이동한 후, 국민당과

공산당은 양안에서 치열한 전투를 벌였습니다. 이때 대륙과 타이완 사이에 있는 금문도에 수많은 포탄이 떨어졌는데, 그 포탄의 고철을 수작업으로 두드려 만든 것이 바로 〈금문채도〉입니다. 1953년부터 1961년까지 8년간 대륙에서는 금문도를 향해 백 차례가 넘는 포격을 하였고, 1961년부터 1978년까지 17년 동안 끊임없이 선전용 전단 포탄을 발사했습니다. 그 수가 약 47만 개에 달해, 앞으로도 오랫동안 칼을 만드는 데 필요한 고철의 공급에는 문제가 없을 것입니다. 금문도의 명물로 꼽히는 이 '포탄 칼'은 금문 고량주만큼 유명합니다.

장소천張小泉과 왕마자王麻子

중국에서는 '남장북왕南張北王'이라는 말로 유명한 4백 년 이상 된 칼 브랜드가 있습니다. 남방의 〈장소천〉, 북방의 〈왕마자〉가 바로 그것입니다. 〈장소천〉은 1628년 명나라 시기 항저우에 세워진 브랜드입니다. 처음에는 가위를 만들었는데 그 명성이 궁중에까지 전해져 1736년부터 황실에 칼과 가위를 진상했습니다. 〈장소천〉의 중식도는 경도가 51~56도 사이로, 사람이 칼날을 손수 연마하는 것으로 유명합니다. 이곳의 중식도 제조 기술은 중국 국가 무형 문화재로 선정되어, 외국에서 국빈이 방문했을 때 선물로 주기도 합니다.

1651년 베이징에 세워진 〈왕마자〉는 북방을 대표하는 칼 브랜드입니다. 얼굴에 곰보가 많은 왕씨 성을 가진 사람이 만든 칼이라 하여 붙여진 이름입니다. 〈왕마자〉의 제조 기술 역시 국가 무형 문화재로 지정되었고 '중화노자호中華老字號'라는 명예를 얻기도 했습니다. 하지만 국영 기업의 부실 경영으로 2003년 파산 신청을 하게 되어 현재는 광둥성 양장의 한 중식도 회사에 인수되었습니다.

해바라기씨
한번 까보실래요?

중국 사람들은 해바라기씨를 참 좋아합니다.
간식으로 먹을 뿐만 아니라
여러 가지 떡 위에 참깨 뿌리듯이 올려 먹기도 합니다.

　중국 사람들은 해바라기씨를 참 좋아합니다. 집에서, 동네에서, 기차에서 수다를 떨며 한 봉지의 해바라기씨를 나누어 먹지요. 해바라기씨의 고소한 맛은 중독성이 강해 자꾸만 손이 갑니다.

　예쁜 아가씨도, 덩치 커다란 아저씨도 한 움큼을 집어주면 톡톡 잘도 깝니다. 해바라기의 원산지인 아메리카 사람들이 생각지도 못한 방법에 혀를 찰 정도죠. 해바라기씨의 뾰족한 끝부분을 앞니로 톡 열어준 뒤 힘을 조절해가며 치아로 눌러 껍질을 벗겨내면 혀 끝에 씨가 떨어집니다. 웬만한 내공으로는 터득하기 어려운 테크닉입니다.

　중국에서 기차를 타면 각종 식품을 카트에 싣고 다니는 직원을 볼 수 있는데, 그들이 지나다니면서 외치는 멘트를 들어보면 이렇습니다. "맥주, 음료수, 생수, 해바라기씨, 땅콩, 팔보죽이요." 누가 교육했는지 모르겠지만 전국의 수많은 기차에서 똑같이 외칩니다. 음식 카트가 한 바퀴 돌고 나면, 카트를 끌던 직원이 빗자루를 들고 나타나 좌석 밑에 널린 해바라기씨 껍질을 쓸어줍니다. 지루한 기차 여행에 심심풀이 간식만큼 좋은 동반자는 드물지요. 이런 해바라기씨는 간식으로 먹을 뿐만 아니라 여러 가지 떡 위에 참깨 뿌리듯이 올려 먹기도 하는 등 다양하게 활용됩니다.

러시아인에 의해 전해진 해바라기

해바라기는 미주 작물로 명나라 중기에 중국으로 들어왔습니다. 대규모로 심기 시작한 것은 청나라 말기로 추정합니다. 해바라기씨는 러시아인에 의해 처음 만주로 전해졌는데, 그래서 지금도 러시아와 맞닿은 둥베이 지역은 중국 최대의 해바라기 산지입니다.

명나라 말기 서화가 문진형의《장물지長物志》에서 "해바라기는 초여름에 잎이 무성하게 자라고 아름답다. 종일 태양을 향하며 별명은 시계꽃이다"라고 해바라기가 처음 언급됩니다. 초창기 해바라기씨는 식용유를 얻기 위해 쓰였으나 점차 간식으로 거듭났습니다.

해바라기씨가 들어오기 이전부터 중국에서는 호박씨나 수박씨 같은 것을 볶아서 간식으로 까 먹었습니다. 해바라기씨의 중국식 이름은 과쯔瓜子, 박의 씨라는 뜻입니다. 해바라기는 박류가 아닌데도 이러한 이름이 붙은 것을 보면, 박의 씨를 먹던 오래된 습관에서 해바라기씨를 선호하게 되었다는 가설을 세워볼 수 있습니다. 또 씨앗을 볶아 간식으로 먹은 시기는 송나라 이전부터 시작된 것으로 추정됩니다. 송나라 초기 시인 소동파가 친우에게 보내는 편지에 "그대와 마주 앉아 박의 씨와 볶은 콩을 까먹고 싶소만 그런 날이 올지 모르겠소"라고 적기도 했으니까요.

또 명과 청의 황실 귀족들은 부스러기 금으로 해바라기씨 모양을 본뜬 진과쯔金瓜子를 들고 다니면서 썼습니다. 기분 좋으면 주변의 애첩이나 하인들에게 한 줌씩 팁으로 주기도 했지요. 황제는 손이 닿는 가까이에 늘 진과쯔를 준비해 두었다고 합니다.

중국 현대 작가 펑즈카이 선생은 1930년대에 쓴 글에서 "중국 사람들은 세 가지 박사 자격증이 있다. 젓가락 박사, 해바라기씨 박사 그리고 불쏘시개 박사다. 세 가지 기술 중 해바라기씨 까는 기술이 으뜸이니 처음 이것을 발명한 사람은 대단한 천재다"라고 했습니다. 해바라기씨를 까는 일이 젓가락을 쓰고 아궁이에 불을 붙이는 것만큼이나 익숙한 일이었다는 의미지요.

예쁜 아가씨도 덩치 커다란 아저씨도
해바라기씨 한 움큼을 집어 주면 톡톡 잘도 깝니다.
생각지도 못한 방법에 혀를 찰 정도입니다.

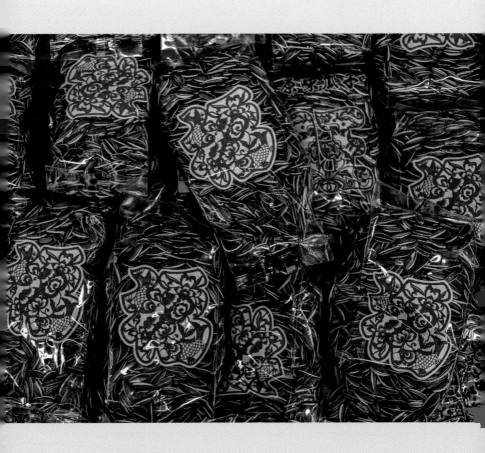

해바라기씨를 팔아 억대 매출을 낸 기업

해바라기씨는 맛이 고소하고 까는 재미가 무료함을 달래준다는 장점이 있지만, 그을리도록 볶는 과정을 거쳐야 하기에 비위생적이라는 단점이 있었습니다. 한동안 그을린 해바라기씨에 발암 물질이 있다 하여 기피하기도 했습니다. 이런 소비자의 니즈를 꿰뚫어 본 한 기업에서 1999년 〈차차상과쯔恰恰香瓜子〉라는 브랜드를 론칭하여 대박을 터트립니다.

1999년 〈차차스핀洽洽食品〉에서 생산해낸 〈차차상과쯔〉는 해바라기씨의 크기가 일정하고 알맹이가 통통하게 들어 있었습니다. 가장 중요한 것은 볶은 해바라기씨가 비위생적이라는 문제를 해결하기 위하여 삶는 방식의 특수 공법을 사용했다는 점입니다. 해바라기씨의 고소한 맛은 살리되 깨끗하게 먹을 수 있다는 사실을 강조하여 대 히트를 칩니다. 〈차차상과쯔〉는 점차적으로 집 앞 리어카에서 팔던 해바라기씨를 대체했습니다. 손톱눈만 한 해바라기씨를 팔던 〈차차스핀〉은 2001년 심천 증권 거래소에 상장되어 2019년 48억 위안의 영업 이익을 돌파한 거대 식품 기업으로 거듭났습니다.

중국요리, 어디까지 먹어봤니?

내 이름은 당

인류는 다양한 형태의 식재료를 통해 단맛을 연구하고,
많은 방법을 통해 이 맛을 표현했습니다.
중국인들에게도 예외는 없었지요.

◇✦◇

인류는 과일과 꿀에서 처음 단맛을 발견했고 그 맛은 뿌리칠 수 없는 유혹이었습니다. 최근에는 일부 오해와 편견 때문에 부정적으로 인식되고 있지만, 단맛에 대한 갈구는 선사 시대부터 지금까지 계속된 것이었습니다. 인류는 다양한 형태의 식재료를 통해 단맛을 연구하고, 많은 방법을 통해 이 맛을 표현했습니다. 먹는 것이라면 천부적인 기질을 발휘하는 중국인들에게도 예외는 없었지요.

당태종도 홀딱 반한 설탕 덩어리

중국에서 당糖에 대해 기록한 최초의 문헌은 서주 시기《시경 詩經》의 "주나라는 땅이 비옥하여 나물들이 엿처럼 달구나"라는 구절에서 찾아볼 수 있습니다. 수수, 보리 등에서 나는 '이당飴糖'에 대한 묘사입니다. 그 시절 사람들은 습기 차고 싹이 튼 곡식을 버리기 아까워 물을 부어 끓여 먹었는데, 여기에서 뜻밖의 단맛을 발견하게 된 것이지요. 지금도 산둥 지역에서는 전통 방법

그대로 수수 이당을 추출합니다.

그러나 진정한 당의 주원료는 사탕수수입니다. 사탕수수는 15 퍼센트의 높은 자당* 비율을 지닌 식물로 최대 6미터까지 자라납니다. 중원에서 멀리 떨어진 광동 지역에는 사탕수수가 무성하게 자라는데, 대나무처럼 생긴 이 식물에서 달콤한 즙액이 넘쳐 흐르니 사람들은 껍질을 벗겨 하얀 속살을 발라 먹었습니다. 우적우적 씹어 단물은 삼키고 찌꺼기를 뱉어냈지요. 사탕수수의 단맛은 알고 있었으나 여기에서 설탕을 추출하기까지는 오랜 세월이 걸렸습니다.

중국에서는 8세기 당나라 때부터 본격적으로 설탕을 제조하기 시작했습니다. 한자 '당糖'에 들어가는 글자인 '당唐' 자만 봐도 짐작해볼 수 있겠죠? 송나라 역사학자 육유의 《노학암필기老學庵筆記》에는 아래와 같은 기록이 있습니다. "당나라 태종은 외국 사절단(인도 북부 마갈타국)이 조공으로 올린 단것을 보고 무엇이냐 물었고, 사절은 사탕수수를 끓여 만든 것이라 답했다." 당태종은 인도 사절단이 건넨 신비한 설탕 덩어리의 맛에 반해, 647년부터 두 번에 걸쳐 설탕 정제 기술을 배우기 위해 인도에 사절단을 파견했습니다.

슈크로오스, 당류의 일종.

빙탕을 녹여
실처럼 모양을 낸
바쓰새우

명나라 이후 중국의 사탕수수 재배 기술과 설탕 추출법은 비약적으로 발전합니다. 생산량이 늘자 귀족들의 전유물이었던 설탕은 수출 품목으로 자리잡으며 중요한 수입원이 되었습니다. 17세기 네덜란드 동인도 회사의 문서에 의하면 암스테르담에서는 인도산보다 중국산 당을 더욱 선호했다고 합니다. 또 중국산 자당의 평균 가격은 1파운드(약 0.45킬로그램)에 1.1플로린*, 인도산 자당의 가격은 0.4~0.7플로린이었는데 당시 노동자의 월급이 5플로린 정도였으니 당시 서양에서 자당은 무척 값비싼 물건이라 할 수 있습니다. 중국 해관이 발표한 데이터에 따르면 청나라의 연간 설탕 수출량은 2천 475만 킬로그램에 달할 정도였고요.

중국식 단맛

앞서 말했듯 그 당시 설탕은 값비싼 식품으로 꼽혀서 달게 먹는다는 것은 곧 부의 과시였습니다. 경제가 번성한 지역일수록 달게 먹고 요리에 당을 많이 썼습니다. 북송 시기 수도인 카이

당시 네덜란드의 화폐 단위.

평, 남송 시기의 수도인 항저우 그리고 양저우, 쑤저우 지역이 모두 음식을 달게 먹기로 유명합니다.

중국에서는 여러 가지 식재료를 이용하여 단맛을 냅니다. 다양한 종류의 당은 과자와 간식에는 물론 요리와 약재에도 사용됩니다. 쑹수구이위, 탕추파이거糖醋排骨, 미즈훠팡蜜汁火方 등의 요리는 모두 달달하지요. 중국에서만 사용하고 있는 당 몇 가지를 소개합니다.

흑당은 사실 빨갛다?

온 동네 카페 메뉴에서 한자리를 차지하고 있는 흑당 버블티는 타피오카 펄과 흑당 시럽, 우유를 넣어 만든 것입니다. 이렇게 인기몰이 중인 흑당의 중국명은 '훙탕紅糖'입니다. 붉은색을 띠기에 그렇게 부르는데 영어로는 '블랙 슈거Black sugar'이기에 한국에서는 영어식 표현을 적용해 부른 것입니다. 홍차와 '블랙 티Black tea' 개념이라고 보면 되겠지요.

오래전부터 중국에서는 요리에 훙탕을 넣어 색과 부드러운 단맛을 냈는데, 대표적인 음식으로 탕싼자오糖三角가 있습니다. 소

사탕수수에서 추출한
즙을 졸여서 만든
비정제 설탕, 흑탕

127

에 홍탕을 넣어 달콤하게 먹는 만두죠.

홍탕은 사탕수수에서 추출한 즙을 졸여서 만든 비정제 설탕입니다. 따라서 사탕수수의 모든 자양분을 유지한 채 코코아와 캐러멜을 섞은 듯한 매력적인 풍미가 느껴집니다. 여기서 사탕수수즙을 정제해 당밀을 분리하고 원당을 결정화시키면 백설탕이 되고, 당밀을 남겨두고 탈색하지 않으면 갈색 설탕이 됩니다.

홍탕은 맛도 좋지만, 약용 효과도 있습니다.《본초강목本草綱目》에는 "홍탕은 비장과 간에 좋고 혈을 보하여 배독 효과가 있다"고 기록되어 있습니다. 중국에서는 빈혈이 있을 때나 출산 후에 홍탕을 대추와 함께 달여 먹으면 조혈 작용이 있다고 믿습니다. 감기에 걸리면 생강과 함께 끓여 먹습니다. 비타민과 철, 아연 등의 풍부한 영양 성분 또한 함유되어 있지요. 이외에도 익모초 홍탕, 장미 홍탕, 아교 홍탕 등 차로 마실 수 있는 다양한 기성품들이 마트 가판대를 꽉 채우고 있지요.

얼음 사탕, 빙탕冰糖

빙탕은 중국요리 레시피에 자주 등장하는 당입니다. 투명한 결정체 모양으로 얼음처럼 생겼다 하여 붙여진 이름입니다. 기름 가마에 빙탕을 천천히 녹이며 식재료에 맛과 색을 입히는 요리 기법을 '초당색炒糖色'이라고 부릅니다. 이때 빙탕은 결정이 가루 설탕보다 커서 쉽게 타지 않고 적당한 속도로 캐러멜화됩니다. 검붉은 색을 띠는 중국요리 홍사오러우紅燒肉나 탕추파이거 등은 사실 간장이 아니라 빙탕을 입혀 만든 것입니다. 차이나타운에서 볼 수 있는 빙탕후루冰糖葫蘆, 중식당에서 자주 나오는 고구마 맛탕 등에도 가루 설탕이 아닌 빙탕을 사용합니다.

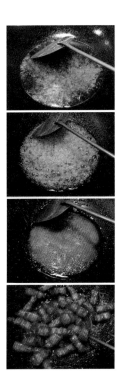

중국 의학에서 빙탕은 폐를 윤택하게 해주고 기침을 멈추며 가래를 삭인다고 합니다. 제비집, 흰목이버섯과 같은 귀한 식재료로 탕을 끓일 때 빙탕을 곁들여 넣곤 하지요. 한국의 배숙과 비슷한 빙탕쉐리冰糖雪梨는 배와 빙탕을 함께 끓인 것인데 기침을 멎게 한다고 하여 중국 가정에서 자주 해 먹는 보양식입니다. 기성품 음료수로도 출시되어 있습니다. 또 국화나 재스민과 같은 꽃차를 마실 때도 빙탕을 넣어 마십니다. 빙탕은 차의 쓴맛을 중화해주고 은은한 단맛으로 차의 품격을 살려줍니다.

빙탕은 다결정으로 된 노빙탕과 단결정으로 된 빙탕이 있습니다. 노빙탕은 전통 방식으로 만들어 결정체의 모양이 불규칙적이고, 단결정 빙탕은 색이 더 투명하며 예쁘게 다듬어진 모양입니다. 단결정 빙탕은 1960년대 이후 공업화 기술로 만들어진 것이므로 약에 쓰거나 정성들인 음식에 넣을 때는 되도록 다결정 노빙탕을 선택하는 것이 좋겠습니다.

계수나무에서 얻는 계화 꿀

빙탕, 홍탕 외에도 남방 지역의 요리에는 계수나무 꽃향기를 담은 계화 꿀을 많이 사용합니다. 구이화러우桂花肉, 구이화차桂花茶, 구이화가오桂花糕 등이 모두 계화 꿀로 만든 요리입니다. 토끼와 더불어 달나라를 지킨다는 계수나무에는 하얀색과 노란색 계화가 피는데 꽃잎이 아주 작습니다. 그러나 향만큼은 그 어떤 꽃보다 아찔하게 진하고 달콤합니다. 9월에 피는 계화 잎을 깨끗이 말려 꽃잎 한 층, 꿀 한 층을 깔아 밀봉하여 5일 정도 두면 꿀에 은은한 향이 배어 향기로운 맛을 냅니다. 요리에 계화 꿀을 한 숟가락씩 얹으면 달콤한 맛과 함께 독특한 향이 배어듭니다.

전통 방식으로 만든
다결정 노빙탕

계화 꿀을 섞어 만든
연근 요리

이렇게 다양한 형태의 당은 중국요리를 한층 더 달콤하게, 다채롭게 만들어줍니다. 당분은 도파민 분비를 촉진하여 행복하고 즐거운 감정을 불러일으켜 음식을 먹을 때 만족감을 더해주지요. 사용량, 온도에 따라 다양한 형태로 변화하는 당은 구체적으로 스스로를 드러내지 않지만, 요리에, 디저트에, 차에 숨어 사람들의 입맛을 살려줍니다.

봄에는 홍탕 한 스푼을 넣은 대추차를 마시며 겨우내 움츠렸던 몸의 기운을 깨워주고, 여름에는 제철 식재료에 빙탕을 넣은 탕수를 먹으며 더위를 이겨냅니다. 가을에는 계화 꿀을 듬뿍 담은 음식으로 계절의 변화를 실감하고, 겨울에는 반짝반짝 설탕물을 입힌 빙탕후루를 먹으며 한 해를 뒤돌아봅니다. 사계절을 함께해주는 당이 있어 우리가 조금은 더 웃게 되는 것 같습니다.

대륙에서 만난
밀의 변천사

밀은 대륙에서 다양한 형태로 변신하며
중국 북방 민족의 삶에
없어서는 안 될 주식이 되었습니다.

밀은 대자연의 위대한 선물이자 자연을 정복한 인류가 경작을 시작했다는 중요한 증표입니다. 4천 5백 년 전 중국 땅에 전해진 밀 한 톨은 황허 유역의 식문화를 바꾸어 놓았습니다. 이후 대륙에서 다양한 형태로 변신하며 중국 북방 민족의 삶에 없어서는 안 될 주식이 되었지요. 곧이어 대륙은 외래 작물의 종착지가 아닌 새로운 출발지 역할을 했습니다. 지금도 전 세계에서 중국식 면 요리를 즐기는 사람들이 무수하고요.

중국의 남방은 쌀 문화, 북방은 밀 문화가 주류가 되어 '남미북면南米北麵'이라는 말이 생겨났습니다. 기후가 온화하고 강수량이 많은 남방에서는 벼농사에 유리해서 쌀밥을 먹었고, 기운 찬 황토 고원 위에 자리한 북방에서는 밀을 심어 면을 먹은 것이지요. 밀 중심으로 식사를 차려야 하는 북방에서는 다양한 면 요리가 개발되었습니다. 쌀은 고작 밥, 쌀국수, 떡 정도의 음식으로 한정되지만, 밀은 수천 가지의 국수, 여러 모양으로 빚은 모饃, 세상 모든 식재료를 감싸 안는 만두로 변신하며 무한한 가능성을 보여줍니다.

황허 문명이 낳은 음식, 국수

국수는 가늘고 길어 빨리 조리해 먹을 수 있는 장점이 있으며, 가격이 저렴하고 한 그릇 안에 여러 가지 영양소를 두루두루 갖출 수 있는 훌륭한 음식입니다. 이런 국수의 탄생은 밀의 변천사에서 매우 중요한 사건이지만, 밀이 전해지기 전부터 중국에서는 이미 좁쌀 같은 작물로 국수를 만들어 먹기도 했습니다.

국수는 중국인들에게 각별합니다. 배고픔을 달래는 구황 음식이자 경사스러운 날 축복을 담은 음식으로, 가족과 이웃을 잇는 공동체 음식으로 사랑받아왔습니다. 특히 긴 국숫발은 장수를 의미합니다. 중국의 대부분 지역에서 생일날 '장수면'을 삶아 먹는데, 면발을 끊지 말고 한꺼번에 후루룩 삼켜야 무병장수한다고 믿습니다. 면발을 가위로 자르는 행위는 중국에서 상상조차 할 수 없지요.

섬서와 산서 지역은 황하를 사이에 두고 서로 바라보는, 중국 면식의 양대 산맥이라 할 수 있는 곳입니다. 이 지역 사람들은 오랜 세월 동안 국수로 삶을 영위해왔습니다.

먼저 섬서의 국수는 수타국수와 국물, 고명의 어울림에 중심을 둡니다. 섬서 지역의 물은 강한 알칼리성을 띠는데 이는 반죽

긴 국숫발은 장수를 의미합니다.
중국의 대부분 지역에서 생일날 '장수면'을 삶아 먹는데,
면발을 끊지 말고 한꺼번에 후루룩 삼켜야
무병장수한다고 믿습니다.

과정에서 글루텐의 활동을 자극하여 엄청난 점성이 생기도록 합니다. 밀가루 반죽이 고무줄처럼 쭉쭉 늘어날 수 있는 비밀이지요. 원하는 굵기의 수타국수를 능수능란하게 뽑아내면 거기에 고명을 얹습니다. 팔팔 끓는 기름을 얹어 먹는 유포몐油潑麵, 시원한 국물과 소고기를 큼직하게 썰어 얹은 니우러우몐牛肉麵, 식초를 듬뿍 넣어 시큼한 쏸라몐酸辣麵, 맑은 양고기 육수에 말은 양탕몐羊湯麵, 면발이 허리띠만큼 굵다는 뱡뱡몐까지. 섬서의 국수는 엑스트라 없이 모두가 주연입니다.

밀 전분으로 만든 량피凉皮는 섬서에서 만들어진 특별한 면입니다. 중국 길거리에서 흔히 볼 수 있는 량피는 얼핏 보면 쌀국수처럼 투명하여 오해하기 쉽지만, 밀가루로 만든 음식입니다. 발효시킨 밀가루 반죽을 물에 넣고 빨래 빨듯이 쏵쏵 비비면 밀가루의 전분과 단백질이 분리되면서 물은 쌀뜨물 색을 띱니다. 이후 전분 물을 체로 걸러 납작한 용기에 부쳐내면 투명한 량피

가 만들어집니다. 숙주나물, 오이채, 고추기름 등 각종 양념을 얹어 시원하게 비벼 먹습니다.

"세계의 면식은 중국에, 중국의 면식은 산서에"라는 지역의 슬로건에 맞게, 국수하면 산서도 절대 밀리지 않습니다. 산서의 국수는 밀반죽을 자르고, 밀고, 비비고, 꼬집고, 누르고, 빼고, 늘이는 등 다양한 기법으로 면의 모양을 변화시킵니다. 이때 칼, 가위, 젓가락, 꼬챙이 등 도구를 이용해 모양을 내지요. 칼로 썰어 만든 다오샤오몐刀削麵, 가위로 잘라 만든 젠다오몐剪刀麵, 수제비처럼 반죽을 뜯어 만든 주펜揪片 등 이름만 봐도 어떻게 만들었는지 감이 잡힙니다.

산서의 면 가게에서는 커다란 가마에 짜장, 토마토소스, 소고기 육수, 채소볶음 등 다양한 루鹵를 만들어 놓습니다. 원하는 모양의 면과 선호하는 맛의 루를 골라 주문하면 뚝딱 섞어 한 그릇을 내줍니다. 이 지역에서 며느리에게도 가르쳐주지 않는다는 집안의 비법이 바로 루의 맛에 있습니다.

남쪽으로 가면 물 대신 달걀이나 오리알을 풀어 반죽을 낸 에그 누들이 있습니다. 상하이의 양춘몐陽春面이나 광둥의 원툰몐雲呑面 모두 달걀을 풀어 반죽한 면을 이용합니다. 홍콩에서는 달

대표적인 모 요리,
양러우파오모

걀 대신 오리알을 선호합니다. 이렇게 빚은 픽픽한 반죽은 사람이 대나무 통 위에 앉아 시소를 타듯이 반복하여 누르며 결을 다져줍니다. 이런 방식으로 뽑은 면을 주성몐竹升麵이라고 합니다.

아라비아에서 시작된 모

역사상 열세 개 왕조의 수도였던 섬서의 시안, 구름처럼 모여든 아라비안 상인들과 동양의 민족들은 이곳에 모여 교류의 꽃을 피웠습니다. 낙타 등에 실려 온 것은 금은보화뿐만이 아니었습니다. 상인들은 그들의 식문화를 이곳에 실어 왔고 중국의 식문화를 지중해까지 가져갔습니다. 중국의 북방 지역에서 즐겨 먹는 모는 서아시아인들의 낭에서 비롯된 음식으로, 국수 못지않게 중요한 주식으로 자리잡았습니다.

모는 낭에 비해 작고 납작한 모습입니다. 씹을수록 달달한 밀향이 느껴져 그 자체만으로도 가벼운 식사가 가능합니다. 모를 햄버거처럼 가로로 잘라 다진 돼지고기를 듬뿍 넣어 먹는 러우자모肉夾饃는 섬서의 명물입니다. 겉은 바삭하고 속은 부드러운 모에 돼지고기 조림의 고소함이 어우러져 맛있게 배부른 한 끼가 됩니다. 감자튀김, 콜라, 햄버거를 세트로 먹는 것처럼 섬서에는 러우자모, 량피, 사이다를 함께 먹는 싼진타오찬三拼套餐이 있습니다.

양러우파오모羊肉泡饃는 모를 손톱만큼 잘게 뜯어 양고기 육수에 말아 먹는 음식입니다. 딱딱하게 굳어 있던 모는 뜨끈한 육수를 만나 금세 먹기 좋게 풀어집니다. 기호에 따라 고추기름, 파와 고수를 얹어 먹으면 겨울철 따뜻하고 배불리 먹을 수 있는 한 끼 식사가 됩니다. 모를 잘게 뜯어 자박한 채소 국물에 볶아 먹기도 하는데 이를 차오모炒饃라고 합니다.

만두의 역사

시베이 지역에서 밀이 면과 모로 변신했다면 허베이, 둥베이 지역에서는 다양한 만두로 탈바꿈합니다. 만두의 역사는 1천 5백 년 전 당나라 때로 거슬러 갑니다. 밀을 반죽하여 동그란 피를 만든 뒤 거기에 여러 가지 고기와 채소를 싸서 예쁘게 빚습니다. 톈진의 바오쯔包子, 둥베이의 자오쯔餃子, 군만두, 광둥의 딤섬 등이 만두의 대가족에 속합니다.

만두는 밀을 반죽하여 피를 만들고, 소로 넣을 고기와 야채를 다지고, 피에 소를 넣어 빚는 등 복잡한 과정을 거쳐야 완성됩니

만두 빚기는 가정의 화목과 유대를 상징하며
명절의 중요한 가족 행사가 되었습니다.

다. 그래서 온 가족이 모여 함께 만들어야 효율적이지요. 오래전부터 만두 빚기는 가정의 화목과 유대를 상징하며 명절의 중요한 가족 행사로 자리잡았습니다.

섣달 그믐날 가족들은 모여 앉아 만두를 빚어두었다가 신년 0시가 되면 만두를 끓여 먹고 폭죽을 터트리며 새해를 맞이합니다. 이런 풍속은 명나라 때까지 거슬러 가는데 명나라의《작중지酌中志》에 의하면 "명나라 궁중에서는 정월 초하루 오경부터 백초주를 마시고 자오쯔를 나눠 먹으면서 새해 인사를 나눈다. 자오쯔 안에 은전을 하나씩 넣는데 그 행운의 자오쯔를 먹게 된 자는 한 해 동안 형통하게 된다"라고 했습니다. 먼 길을 떠나게 되거나 오랜 여행길을 마치고 집으로 돌아왔을 때, 혹은 동짓날처럼 특별한 날이면 사람들은 밀가루 포대를 풀어 만두를 빚습니다.

한국에서 만두는 소가 있는 것이지만 중국에서 만두, 즉 만터우饅頭는 소가 없는 밀가루 찐빵을 가리킵니다. 발효시킨 밀반죽에 각종 육류와 채소를 소로 넣어 쪄낸 것은 '바오쯔'라고 부르고, 생 만두피를 사용하여 물에 끓여 낸 것은 '자오쯔'라고 부릅니다. 한국에서는 각각 '포자' '교자'라고 불리지요. 또 만두는 그 안에 어떤 소를 넣는가에 따라 종류가 수백 가지로 다양해집니다. 둥베이의 자오쯔집에 가면 사전만큼 두꺼운 메뉴판을 내주기도 합니다. 만두소는 일반적으로 고기와 채소를 섞어서 만드는데 돼지고기와 샐러리, 부추와 달걀, 애호박과 소고기 조합이 인기가 많습니다.

북방에서 만두는 주식에 가깝고 남쪽으로 내려갈수록 조식 또는 간식으로 간주됩니다. 광둥 지역에서는 '딤섬'이라는 고급스러운 이름을 지니며 조식 문화, 차 문화의 일부로 발전했지요. 청나라 함풍제 시기 시작된 찻집 문화는 차와 함께 찜통에 담겨 나오는 여러가지 음식들을 곁들여 먹는 것입니다. 이때 딤섬은 가볍게 먹기 좋도록 앙증맞고 예쁘게 빚어내지요.

이외에도 절인 살코기를 소로 넣은 차사오바오叉燒包, 정자오蒸餃, 사오마이燒賣 등 만두류는 서양 문화권에서도 중국을 대표하는 음식으로 큰 인기를 끌고 있습니다.

찻잎,
요리가 되다

차의 종주국인 중국에서
본격 '차 요리' 열풍이 불고 있습니다.

◇❖◇

청명 전, 물기 자오록한 차밭에서 한땀 한땀 따낸 찻잎에는 새봄의 기운이 살아 숨 쉽니다. 봄날에 새로 꺼낸 차를 따뜻한 물에 내려 마시면, 온몸에 봄이 가득 차오르지요.

중국은 차의 종주국인 만큼 마시는 차에 관한 이야기라면 무궁무진하지만, 이번에는 '먹는 차'에 관해 이야기해보려 합니다. 웰빙과 건강식에 대한 사람들의 요구가 높아지면서 차 요리가 뜨겁게 떠오르고 있습니다. 마시는 차, 디저트로 먹는 차뿐만 아니라 본격 차 요리 열풍이 부는 것이지요.

중국 사람들은 예로부터 찻잎을 볶아 먹기도 하고 찻물을 우려 육수로 쓰기도 했습니다. 찻물로 지은 밥, 찻잎 튀김은 물론 차 분말을 이용하여 음식에 색을 더하는 등 널리 활용했지요. 은은한 향을 품고 있는 찻잎은 다른 향신료가 흉내 낼 수 없는 쌉싸름하고 싱그러운 맛을 냅니다.

차의 역사는 5천 년 전으로 거슬러 올라갑니다. 처음에는 약용으로 마시다가 점차 귀족들이 즐겨 마시는 음료가 되었고, 780년 육우가 집필한《다경茶經》이 출간되며 차 문화가 널리 보편화되었습니다. 오늘날까지도《다경》은 전 세계 언어로 번역되며 차의 교과서로 불리고, 육우는 다성茶聖으로 추앙받고 있지요.

당나라 때부터 차를 요리에 활용하는 법이 상당히 발전되었습니다. 당나라 문헌《차부茶賦》에는 "찻물에 밥을 말아 먹으면 채소의 영양을 흡수하기 이롭고, 고기의 느끼함을 덜어준다"고 기록되어 있습니다. 녹차를 우려낸 물에 밥을 말아 먹는 것은 일본이나 한국에서도 상당히 유행하고 있는 식다食茶법이지요. 당나라 시인 저광의가 쓴《흘명죽작吃茗粥作》에는 차를 넣은 죽에 고사리와 고비 줄기를 반찬으로 먹었다는 내용도 있습니다.

차 요리는 고급 요리의 범주에 속합니다. 담백한 식재료와 절제된 조리법으로 부드럽게 다루어야 은은한 차향을 살릴 수 있기 때문입니다. 그중에서 가장 유명한 요리는 단연 룽징샤런龍井蝦仁입니다. 이 요리는 항저우에서 가장 유명한 룽징차龍井茶와 새우를 함께 볶은 것으로, 통통한 새우 살에 은은한 녹차 향이 감돌아 우아한 맛이 백미로 꼽힙니다.

청명 전에 딴 것을 최고로 치는 룽징차는 맑고 영롱한 향미가 특징입니다. 그 절정의 향을 녹여낸 요리는 룽징샤런 외에도 갈비 요리, 조개탕, 전복 요리 등 다양합니다. 최상급 녹차인 룽징차에 담긴 봄 내음이 요리에 보송보송 입혀지면, 요리의 풍미는

청명 전에 딴 것을 최고로 치는 룽징차는
맑고 영롱한 향미가 특징입니다.

찻물 달걀,
차예단

재스민 죽통밥

배가 되지요.

또 하나의 유명한 차 요리로 차샹지茶香鷄가 있습니다. 보이차의 고장 윈난에서 차샹지는 한국의 프라이드 치킨처럼 인기가 높습니다. 닭 한 마리를 생강, 양파, 마늘과 함께 바싹 튀긴 뒤에 따로 튀겨낸 보이차 찻잎을 소금과 함께 섞어 살포시 뿌려줍니다. 닭고기 살과 함께 바삭바삭 씹히는 보이차 잎의 향이 이 요리의 핵심입니다. 상상만으로도 향긋하지 않나요? 우리나라 치킨 프랜차이즈에서도 한번 시도해보면 어떨까 싶습니다. 차샹더우푸茶香豆腐, 차샹파이거茶香排骨와 같이 이름에 '차샹茶香'이 붙은 요리들은 대개 튀겨낸 찻잎을 흩뿌려 놓은 차 요리입니다.

윈난성에는 차차이옌茶菜宴이라는 세트 메뉴도 있습니다. 한 상에 오르는 볶음 요리, 튀김 요리, 탕, 주식, 디저트까지 모두 차 요리로 구성되어 있습니다. 녹차, 우롱차, 재스민차 등 갖가지 차가 동원되는 차차이옌은 윈난을 방문하는 관광객들이 가장 선호하는 코스 요리입니다.

일상생활 속에서 가장 쉽게 접할 수 있는 차 음식은 차예단茶葉蛋이라고 부르는 찻물 달걀입니다. 차예단은 조식 가게나 길거리에서 자주 볼 수 있는 간식으로, 홍차, 간장, 팔각, 화자오花椒 등 향신료를 넣고 끓여내서 맥반석 달걀처럼 짙은 색을 띱니다. 간이 잘 배인 달걀에서 은은한 홍차 향이 느껴지고, 조식으로 흰

죽과 함께 먹으면 단백질 보충은 물론 맛까지 챙길 수 있습니다.
그밖에도 홍차 붕어찜, 재스민 죽통밥, 철관음 오리찜과 같은 요
리는 모두 차향을 활용한 요리입니다.

차는 심신을 안정시키고 암세포의 성장을 억제하며 심혈관
질병에 이로운 최상의 식재료입니다. 폴리페놀, 카페인, 당류, 비
타민, 아미노산 등 많은 물질이 유기물 형태로 존재하기 때문이
지요. 현대인들이 건강에 관심이 높아지면서 갈수록 더욱 스펙
터클한 차 요리들이 개발되지 않을까 기대해봅니다.

신맛에 반하다,
중국 식초

동서양을 막론하고 인류 최고의 조미료로 꼽는 식초는
단순히 신맛을 더해주는 것에서 그치지 않고
음식을 경쾌한 느낌으로 살려줍니다.

◇✦◇

중국에서는 3천여 년 전부터 식초를 만들어 먹었습니다. 《주례》에는 "혜인醯人이 신맛의 장을 담당한다"라는 기록이 있습니다. 서주 시기에 벌써 식초를 담당하는 관직이 있었음을 의미합니다. 위북 시기 《제민요술齊民要術》에는 22종의 식초 제조법이 기록되어 있습니다. 또한 식초는 예로부터 집안에 빠져서는 안 될 일곱 가지 생필품 중 하나로 꼽힙니다. 땔나무, 쌀, 기름, 소금, 간장, 차와 함께 식초가 포함되는 것이지요.

중국 식초는 대부분 천연 발효 식초로 장기간의 숙성을 통해 짙은 간장색과 독특한 곡물 향을 냅니다. 특히 쌀, 수수, 옥수수, 보리, 밀을 원료로 사용하는 중국의 독특한 식초 제조법인 고체 발효법을 통해 만들어진 식초는 많은 사랑을 받습니다. 2017년 중국의 식초 소비량은 426만 톤에 달한다고 합니다.

중국 4대 식초에는 산시라오천추山西老陳醋, 전장샹추鎮江香醋, 융춘라오추永春老醋, 바오닝추保宁醋가 있습니다. 산시라오천추는 수수를, 전장샹추는 쌀을 원료로 씁니다. 바오닝추는 여러 가지 약초를 더해 발효시킨 것이며, 융춘라오추는 홍곡을 발효제로

쓴 식초입니다. 식초마다 원료와 제조법, 향미가 달라 중국에서
는 음식에 맞는 식초를 골라 쓰고요. 일반 가정에서도 몇 가지
식초를 갖춰놓고 그때그때 다르게 사용합니다.

천하제일초, 산시라오천추

라오천추는 중국 4대 식초 중 단연 으뜸으로 꼽힙니다. 산서
성 칭쉬현은 중국 식초의 발원지로 기원전 8세기에 식초를 만들
기 시작하여, 춘추 시기에 이미 식초 공방이 생겼다고 합니다.
여기에서 생산되는 라오천추는 '천하제일초'라는 미명을 가지고
있습니다. 산서성 사람들은 유난히 식초를 즐겨 먹는데, 요리에
곁들이는 것은 기본이고 만두를 찍어 먹거나 국수를 비벼 먹는
등 모든 식사에 식초가 빠짐없이 들어갑니다.

라오천추는 수수와 다섯 가지 곡물을 주원료로, 보리와 완두
콩을 배합해 누룩으로 씁니다. 먼저 쪄낸 수수에 누룩을 섞어 알
코올 발효를 합니다. 여기에 밀기울과 좁쌀의 쌀겨를 섞어 약
10일간의 초산 발효 과정을 거칩니다.
라오천추의 핵심 기술은 훈임熏淋, 즉 훈제와 침출 과정에 있

산서성 칭쉬현은 중국 식초의 발원지로
기원전 8세기에 식초를 만들기 시작하여
춘추 시기에는 이미 식초 공방이 생겼다고 합니다.

습니다. 초산 발효 후 먼저 40~90도에 이르는 고온에서 5일간 천천히 훈연시킵니다. 이때 식초는 마이에르 반응을 일으키며 검은색을 띠게 되고, 스모키한 캐러멜 향을 풍깁니다. 훈제를 거친 원료에 따뜻한 물을 샤워하듯이 내리면 식초가 완성됩니다.

라오천추의 색은 짙고 맑은 갈색인 것이 특징인데, 전통 방법으로 발효시켜 술처럼 오래 둘수록 풍미가 진해지기 때문에 별도로 유통기한을 표기하지 않습니다.

미숙성 식초는 입구가 넓은 항아리에 담아 1년 이상 햇볕에 두어 증발, 농축의 과정을 거칩니다. 1년 이상 발효를 거쳐야 비로소 라오천추라 부릅니다. 우유처럼 묽은 형태의 10년산, 잼처럼 된 30년산도 있습니다. 30년산 라오천추는 귀한 약재로도 사용됩니다.

1368년에 세워진 〈메이허쥐美和居〉는 라오천추의 훈임 기술을 개발한 식초 명가입니다. 〈메이허쥐〉는 1996년 〈산시라오천추그룹山西老陳醋集團〉으로 개명했고 현재 산하에 〈메이허쥐〉〈둥후東湖〉〈이위안칭益源慶〉 등의 라오천추 브랜드가 있습니다. 〈메이허쥐〉는 시중에서 쉽게 만나 볼 수 있는 병에 담긴 라오천추 외에도 와인이나 위스키처럼 10년산, 15년산 식초를 프리미엄화하여 가치를 높이고 있습니다.

쌀로 만든 식초, 전장샹추

전장샹추는 중국 강남 지방에서 나는 전통 식초로, 고품질의 찹쌀을 주원료로 삼으며 산도는 6퍼센트 수준입니다. 색이 맑고 산미가 부드러우며 단맛이 나는 특징이 있어 식재료 본연의 맛을 살리고 담백함을 추구하는 장쑤, 저장 지역 요리에 화룡점정이 되어줍니다. 북방 지역에서는 라오천추를 선호하고, 부드러운 맛을 즐기는 남방 사람들은 전장샹추를 선호합니다.

연평균 기온이 섭씨 12.3~20.3도, 습도가 77퍼센트에 달하는 장쑤성 전장 지역은 미생물의 성장에 이로운 환경입니다. 이 지역에서 배양된 미생물은 변이와 유전을 통해 독특한 풍미를 형성합니다. 기원후 536년 북위 시기 의학자 도홍경이 쓴 《신농본초경주神農本草經註》에는 전장샹추의 약용 효과가 언급된 바 있습니다.

전장샹추의 담금 공정 중 알코올 발효는 액체 발효법, 초산 발효는 고체 발효법을 이용합니다. 산시라오천추는 누룩 제조 시 대곡大曲을 사용하지만 전장샹추에는 소곡小曲을 누룩으로 씁니다. 대곡은 밀, 보리 및 완두콩을 주원료로 하여 아스퍼질러스 Aspergillus가 주요 미생물군이고, 소곡은 쌀을 주원료로 제조하여 리조푸스Rhizopus가 주요 미생물군인 곡식입니다.

전장상추를 제조하는 대표 브랜드는 〈헝순恒順〉입니다. 연간 생산량이 30만 톤에 달하는 세계 최대 식초 생산 기업으로, 생산량 중의 85퍼센트가 3~6년 숙성을 거친 전통 발효 식초입니다. 1840년 주조회라는 사람이 〈주항순조방朱恒順糟坊〉을 세워 백화주百花酒라는 술을 빚어 팔았습니다. 술에서 꽃향기가 난다고 알려진 백화주는 1895년 청나라 광서제에 의해 조공 품목으로 지정되며 소문이 나기 시작했습니다. 백화주의 생산량이 급증하며 술지게미의 양도 따라서 늘어나자 버리기 아까운 술지게미로 식초를 담그기 시작하였지요. 그것이 바로 오늘날 헝순샹추恒順香醋의 기원입니다.

홍곡을 발효시켜 만든 융춘라오추

융춘라오추는 연한 커피색을 띤 식초로 '홍초'라고도 불리며 홍곡紅曲을 발효제로 활용하는 것이 특징입니다.

푸젠 지역에서는 예로부터 홍곡으로 술을 빚어 마셨습니다. 집집마다 술을 빚고 남은 술지게미로 요리를 해 먹기도 하지요.

홍곡 술지게미는 홍자오紅糟라고 부르는데 고추장처럼 빨갛게 생겨 음식에 붉은 빛을 더해주고 부패를 막아 오래도록 보관할 수 있도록 했습니다.

융춘라오추는 3년 이상 숙성시키며 초산 농도는 6.5~8퍼센트에 달합니다. 담글 때 찹쌀을 이용한 액체 발효법을 사용하며 밀기울이나 왕겨를 사용하지 않습니다. 식초 숙성 기간에는 참깨와 백설탕을 첨가하여 독특한 향미를 띕니다. 융춘라오추는 3년간의 발효를 거쳐 산미의 토대를 다지고 5년에 걸쳐 완성한다고 합니다.

기능성 약초, 바오닝추

바오닝추는 중국 쓰촨성 랑중 지역에서 나는 식초입니다. 쓰촨은 중국 시난 지역에 위치해 기후가 온화하고 습합니다. 따라서 미생물이 서식하기에 이롭고 고체 발효 공법에 최적화되어 있습니다. 기원후 936년부터 만들어진 바오닝추는 짙은 대추색을 띠며 산미가 부드럽고 은은한 단맛이 감돌아 요리의 풍미를 살려줍니다.

"바오닝추가 없다면 쓰촨 요리를 먹는 사람이 없다"는 말이 있

을 정도로 바오닝추는 오랜 세월 동안 쓰촨의 주방에서 중요한 역할을 해왔습니다. 널리 이름을 알린 위샹러우쓰魚香肉絲나 쏸라편酸辣粉과 같은 요리에는 모두 바오닝추가 들어가야 제대로 된 맛이 납니다.

바오닝추는 쌀기울, 보리, 쌀을 주원료로 사용하며 오미자, 당귀, 사인, 박하, 육두구, 두충 등 삼십여 가지 약재를 이용하여 누룩을 제조합니다. 또 좋은 물이 좋은 식초의 핵심이기에 바오닝추를 제조할 때는 쓰촨 가림강 유역의 물을 사용합니다. 천여 년 동안 이 지역에서는 겨울철의 맑은 물을 미리 여과 후 저장하여 식초 제조에 사용했습니다. 《낭중현지閬中縣志》에 따르면 "식초 제조에는 꼭 성남 쪽의 물을 사용해야 최상의 맛이 난다. 그중에서도 겨울의 물이 최상이다"라는 기록도 있습니다.

바오닝추는 중국 4대 식초 중에서도 기능성 식초, 약초藥醋로 꼽힙니다. 바오닝추에는 열여덟 가지 필수 아미노산과 풍부한 미네랄이 함유되어 있어 식욕 증진, 심혈관 질병에 이롭습니다. 또한 맑고 고운 피부를 유지하는 데 이로우며 뛰어난 항암 효과가 있다고 전해집니다.

식초는 동서양을 막론하고 인류 최고의 조미료로 꼽습니다.

중국뿐만 아니라 유럽, 이집트, 이슬람 등 모든 문명에서 식초의 흔적을 발견할 수 있습니다. 식초는 단순히 신맛을 더해주는 것에서 그치지 않고 음식을 경쾌한 느낌으로 살려줍니다. 식초의 건강 효과가 재조명되면서 전통 식초에 관한 연구와 더불어 유럽식 식초들도 전례 없이 주목받고 있습니다.

시선을 조금 돌려 수천 년의 전통 공법이 담겨 있는 중국 식초에 관심을 가져보면 어떨까요? 친근하고 익숙한 맛이 지겨울 때, 식초가 새로운 맛의 지평을 열어줄지도 모릅니다. 게다가 중국 식초는 가격도 저렴하고 구하기 쉬우니 여러모로 도전해 볼 만하지요.

쌀의
변천사

중국 최고의 쌀 생산지로 인정받는 둥베이 지역은
한국과 중국의 식문화 교류를 보여주는
하나의 증거입니다.

이스라엘 민족에게 약속의 땅이 젖과 꿀이 흐르는 곳이었다면 한족에게는 쌀과 생선이 넘치는 곳이었습니다. 쌀은 중국의 문명과 함께한 가장 오래된 작물입니다. 중국에서는 약 7천 년 전 선사 시대부터 벼농사를 지어왔습니다. 양쯔강의 중류와 하류 지역은 기후가 온화하며 넓고 비옥한 땅이 있어 오래전부터 이곳 사람들은 농경과 어업을 생업으로 삼았지요. 또 논농사를 지으며 터를 잡아 돼지와 닭, 오리 등 가축을 길렀습니다. 사마천의 《사기史記》 화식열전에 "초나라와 월나라는 땅이 넓고 사람이 적어 쌀밥을 먹고 어죽을 마신다"는 기록이 나옵니다.

중국에서 쌀 문화는 다양한 기법의 요리를 발전시켰습니다. 끓이고, 볶고, 찌고, 튀기는 등 수십 가지 조리법을 활용하는데요. '중국 8대 요리'라 꼽히는 대부분 지역의 요리가 쌀 문화권에 속하지요.

중국인들은 쌀밥이 주식이지만 생각보다 밥을 많이 먹지 않습니다. 요리를 많이 먹고 밥은 남은 배를 채우기 위해 적당히 곁들이는 정도입니다. 연회석에서도 밥은 사람마다 한 그릇씩

주어지는 게 아니라 여러 요리가 나오는 가운데 커다란 솥으로 나와서 각자 필요한 만큼 덜어 먹으면 됩니다. 따라서 밥이 메인이 되는 요리를 찾아보기 쉽지 않지요.

밥 요리의 대표 주자 양저우 볶음밥

면류는 천여 가지가 넘지만, 밥 요리의 대표 주자는 양저우 볶음밥이 독보적입니다. 주식이라는 속성에 충실하면서 요리가 받아야 할 스포트라이트를 빼앗지 않습니다. 파의 향긋함과 햄의 고소함, 새우의 오동통한 식감이 풍미를 살려줍니다. 한국의 중화요리점에서 팔고 있는 볶음밥도 이와 비슷합니다.

양저우 볶음밥의 역사는 수나라 때까지 거슬러 갑니다. 수양제가 대운하 건설을 위해 양저우를 방문했을 무렵, 수행하던 재상이 집안에서 즐기던 볶음밥을 만들어 바쳤는데 황제의 큰 사랑을 받았습니다. 달걀 물이 골고루 입혀진 모양이 금가루를 뿌린 것 같아 처음에는 쑤이진판碎金飯이라고도 불렸습니다.

양저우 볶음밥 외에 전주위안쯔珍珠圓子라고 하는 음식도 있는데, 돼지고기를 다져 완자 모양으로 만든 뒤 겉을 쌀밥으로 싸서 찐 요리입니다. 하얀 찰밥에 기름기가 자르르 도는 모습이 진주 같다 하여 붙여진 이름입니다. 먹어보면 고기의 고소한 풍미와 쌀밥의 쫀득함이 어우러져 만두 같은 식감을 냅니다. 밥 요리지만 훌륭한 비주얼 때문에 연회석에 자주 등장하지요.

아침밥의 대명사, 죽

죽은 밥 못지않게 중요한 음식입니다. 대부분의 중국 가정에서는 죽으로 조식을 해결하니까요. 중국의 죽은 한국에 비해 훨씬 묽습니다. 부드럽고 소화가 잘되는 것을 먹어야 하루를 산뜻하게 시작할 수 있다고 믿기 때문입니다. 조식을 파는 죽 가게에는 흰 쌀죽은 물론이고, 흑미죽이나 좁쌀죽 등 다양한 곡물로 만든 죽이 있습니다. 뿐만 아니라 고기, 해물, 야채 등을 넣어 만든 것을 포함해 수십 종류의 죽이 있지요.

음력 12월 8일, 석가모니 성도일인 납팔절臘八節이 되면 여덟 가지 이상의 곡물로 죽을 쑤어 먹습니다. 바로 '팔보죽'입니다. 팥, 멥쌀, 좁쌀, 찹쌀, 보리, 율무, 녹두, 대두, 완두, 대추, 연자, 구기자, 밤, 호두, 말린 과일 등 다양한 재료를 넣고 끓입니다. 납팔절에 팔보죽을 먹고 나면 한 해가 마무리된 것으로 여겨 본격적

인 새해맞이 준비를 합니다.

남북 문화가 만나 탄생한 쌀국수

중국에서 밀가루로 만든 국수는 몐麵, 쌀로 만든 국수는 펀粉으로 구분합니다. 중국에서 압출식으로 쌀국수를 만들었다는 기록이 처음 등장한 시기는 송나라 때입니다. 금나라에 쫓겨 남쪽으로 이주한 북송 사람들은 밀로 국수를 만들어 먹고 싶어도 그럴 수가 없었습니다. 긴 국수를 먹고 싶은 그들의 욕망을 실현하기 위해 쌀로 국수를 만드는 법을 개발해내기에 이릅니다. 쌀국수는 북부의 국수 문화와 남부의 쌀 문화가 만나 탄생한 음식인 셈이죠.

쌀국수에는 매우 다양한 형태가 있습니다. 채소와 함께 볶아 먹는 쌀국수는 차오펀炒粉이라 부르고, 뜨거운 육수에 말아 먹는 쌀국수는 탕펀湯粉이라 부릅니다. 광둥의 딤섬 중에는 쌀가루로 만든 얇은 피에 새우나 고기를 둘둘 말아서 싼 창펀腸粉이 매우 유명하며, 윈난 지역의 쌀국수인 미셴米線 역시 쌀국수의 일종입니다. 광시 지역에서 먹는 미펀米粉, 앞서 소개한 우렁이 국수 뤄쓰펀 모두 쌀국수입니다. 어찌 보면 쌀은 밥의 형태보다 국수의 형태로 더 다양하게 변화했는지도 모릅니다.

명절의 대미를 장식하는 각종 떡들

떡은 중국에서도 잔칫상이나 명절날에 올리는 중요한 음식입니다. 평소에는 쌀밥에 요리를 곁들여 먹지만 특별한 날에는 찹쌀로 여러 가지 떡을 만들어 분위기를 고조시킵니다.

남송 시기의 도시 풍물지 《동경몽화록東京夢華錄》에도 쫑쯔粽子를 비롯해 찹쌀로 빚은 수십 종의 떡이 묘사되어 있습니다.

쑤저우의 노포 〈황톈위안黃天源〉에 가면 절기에 맞춰 먹는 갖가지 떡을 찾아볼 수 있습니다. 홍곡, 박하, 계화, 참깨, 팥, 견과류 등 계절마다 나는 색색의 재료들을 떡에 넣어 한껏 맛을 냅니다.

남방 지역의 명절 밥상에는 떡이 빠지지 않습니다. 이를테면 새해를 맞이하는 설날에는 인절미와 비슷한 녠가오年糕를 만들어 먹고요. 정월 대보름이면 참깨 앙금이 들어 있는 동그란 모양의 찹쌀떡 탕위안湯圓을 빚어 끓여 먹습니다. 청명절에는 쑥을 갈아 찹쌀 반죽과 함께 섞어 만든 칭퇀青團을 먹고요. 단오에는 대나무 잎에 찰밥을 세모나게 싼 쫑쯔를 먹습니다. 음력 9월 9

중국의 쌀 재배 지역은 양쯔강 이남에서 하이난다오까지
남부에 널리 분포되어 있습니다.
그러나 중국 쌀 중 으뜸은
의외로 둥베이 지역의 쌀입니다.

일 중양절이 되면 찹쌀떡에 팥, 견과류, 대추, 말린 과일을 올린 충양가오重陽糕를 빚어 먹습니다. 명절 단골인 떡은 가정의 화목과 평안을 기원하는 의미 있는 음식입니다.

둥베이 지역의 근대 논농사를 이룬 조선인들

중국의 쌀 재배 지역은 양쯔강 이남에서 하이난다오까지 남부에 널리 분포되어 있습니다. 그러나 중국 쌀 중 으뜸은 의외로 둥베이 지역의 쌀입니다. 둥베이 지역은 세계에서 위도가 가장 높은 벼 생산지입니다. 찰지고 투명한 윤이 흐르는 둥베이 쌀은 이모작, 삼모작을 하는 남방 지역의 쌀에 비해 월등히 우수한 품질을 자랑합니다. 그런데 이 지역의 수전 개척이 한반도에서 이주해간 조선 사람들에 의해 이루어졌다는 사실, 알고 계신가요?

1845년 조선 평안도 초산의 80여 호 농민들은 훈강(지금의 퉁화) 유역에서 자리 잡고 몰래 논을 풀어 벼를 재배했습니다. 이것이 둥베이 지역 근대 논농사의 시작이라고 평가됩니다. 청나라의 봉금령封禁令과 조선 정부의 월강죄越江罪가 있었지만, 그 무엇도 굶주림은 막지 못했습니다. 둥베이 지역은 토지가 비옥하여 거름을 주지 않아도 함경도보다 수확량이 19.3퍼센트나 높을 정도였지요. 1881년, 청나라는 봉금령을 해제하고 이민실변移民實邊 정책을 실시하여 적극적으로 조선인들을 받아들였고 황무지를 개간하여 벼농사를 짓도록 했습니다.

둥베이 지역으로 이주해간 한족들은 대부분 산둥 사람들인데, 면식을 위주로 해서 벼를 다루는 데 익숙지 않았습니다. 그들은 이주해온 조선인들에게서 수전 농사법을 배우며 벼농사를 짓기 시작했고, 그 결과 현재 둥베이 쌀은 중국 최고 품질로 인정받고 있습니다. 이러한 사실 역시 한국과 중국이 서로의 식문화에 영향을 끼치고 있다는 증거 중 하나겠지요.

음식 맛은 장맛!
중국의 장

장은 머무르지 않고 진화 중입니다.
쉽고 다양한 맛을 내는 장의 마법이
우리의 식탁에 펼쳐지고 있습니다.

◇❖◇

"음식 맛은 장맛에서 나온다"라는 말이 있을 만큼 장은 한국의 소울 푸드입니다. 한국에서 말하는 장은 대부분 콩 발효 식품을 지칭합니다. 반면 중국에서 장醬은 소스를 총칭하는 단어에 가깝습니다. 묽은 잼 형태의 소스엔 모두 '장'이라는 이름이 붙는 것이지요. 예를 들어 케첩이나 마요네즈, 딸기잼 같은 외래 소스들은 각각 판체장蕃茄醬, 단황장蛋黄醬, 차오메이장草莓醬이라고 부릅니다. 한국보다 장의 범위가 훨씬 넓은 셈이지요. 흔히 생각하는 장역시 유명한 황더우장黃豆醬이나 두반장 외에도 부추꽃장, 참깨장, 고추장, 새우장, 게장, 어장, 육장 등 수많은 종류가 있습니다.

발효 기술 중 가장 지혜로운 것

장은 인류가 발명한 저장법 중 가장 지혜로운 기술입니다. 냉각 기술이 따로 없던 옛날에는 음식물을 보존하는 것이 가장 큰 문제였습니다. 사람들은 넉넉한 식재료가 없는 상황에서 오래 보관하고, 천천히 먹을 방법에 대해 고심했습니다. 고민 끝에 햇

대표적인 장 요리
징장러우쓰

볕에 말리는 건조법, 소금에 절이는 염장, 연기에 훈제시키는 훈연법 등과 함께 효소의 작용을 이용한 발효법이 탄생했습니다.

진나라 이전의 문헌에 따르면 최초의 장은 서민들의 음식이 아닌 왕궁 귀족들의 음식이었다고 합니다. 《주례》에는 "왕의 음식을 담당하는 단부膳夫에게 장을 담는 데 사용하는 옹기가 백스무 개 있다"고 기록되어 있습니다. 왕의 식사에서 장이 얼마나 중요한지 엿볼 수 있는 부분입니다. 공자는 적당한 장이 없으면 식사를 하지 않았다고 하지요. 한나라 이전의 장은 대개 고기를 절여서 만든 육장이었다가 나중에야 곡물을 이용한 장이 나타나기 시작했고, 당나라 시기에 이르러서야 장 제조 기술이 민간으로 전해졌습니다.

중국식 된장, 황더우장

둥베이 지역과 산둥 지역에는 콩이 많이 납니다. 그래서 한반도와 마찬가지로 콩을 발효시켜 만든 장을 많이 씁니다. 매년 음력 2월 2일 콩을 삶아 메주를 만들고, 4월 28일이면 장독에 담가 장을 만듭니다. 이렇게 만들어진 장을 다장大醬 또는 황더우

두반장

지우차이화
(부추꽃장)

참깨장

라자오장

장이라 부릅니다. 다만 허베이 지역에서는 삶은 콩을 밀가루와 버무린 뒤 메주를 따로 빚지 않고 콩 자체를 넓게 펴서 발효시킵니다. 이때 밀가루 전분에서 발생한 당 때문에 단맛을 띠게 되는데 이런 장은 톈몐장甜面醬이라 부릅니다.

산둥 요리는 파, 생강, 마늘과 황더우장을 볶아 요리하는 경우가 많습니다. 대표적으로 짜장면이 여기에 속합니다. 징장러우쓰京醬肉絲, 장파오지딩醬爆鷄丁, 장파오하이선醬爆海蔘 등의 요리는 모두 산둥 요리로, 장을 센 불에 볶아 각각 고기, 닭, 해삼 등의 식재료를 곁들이는 음식입니다.

베이징 카오야北京烤鴨는 전병에 오리구이와 장을 얹어 싸 먹는 요리이고, 둥베이 지역의 짠장차이蘸醬菜는 오이, 당근, 배추 따위의 채소를 길쭉하게 썰어 더우장에 찍어 먹는 음식입니다. 산둥 지역에서는 전병에 파를 얹고 더우장을 발라 둘둘 말아 먹기도 합니다.

〈육필거六必居〉〈옥당玉堂〉〈회모槐茂〉〈제미濟美〉는 백 년 이상의 전통을 가진 중국의 4대 장원으로 꼽히며, 특히 베이징의 〈육필거〉는 1530년에 시작되어 5백 년 역사를 자랑합니다.

쓰촨 요리의 영혼, 두반장

쓰촨 요리의 영혼은 더우반장豆瓣醬, 한국에선 두반장으로 잘 알려진 이 장에 들어 있습니다. "음식 맛은 장맛에서 나온다"는 말이 가장 어울리는 지역이지요. 마파두부, 탄탄면 등 알만한 쓰촨 요리에는 모두 두반장이 들어갑니다. 두반장은 고추, 잠두콩, 소금을 섞어 발효시킨 장입니다. 이슬을 맞고, 해를 보고, 뒤집기를 하면서 천천히 영근 두반장은 1년 이상 발효해야 시판할 수 있고 3년이 넘어야 잠두콩이 잘게 으스러져 진정한 맛이 납니다. 또 사용량과 불의 세기에 따라 맛이 달라지는 마법 같은 장이기도 합니다.

그러나 아쉽게도 한국에서 파는 일부 브랜드는 무늬만 두반장입니다. 쓰촨 두반장은 잠두콩을 발효시켜 만들지만, 공장형 두반장은 일반적으로 황두를 쓰기 때문이지요. 자연 발효된 두반장은 잠두콩이 으스러지면서도 일정한 형태를 유지하는 반면, 공장형 두반장은 완전 묽은 소스 형태입니다. 맛도 물론 다르죠. 공장에서 생산한 두반장은 짜고 매운 본래의 맛보다 화학 조미료 맛이 더 진합니다.

두반장 중 가장 유명한 것은 피현의 두반장입니다. 쓰촨성 피현은 습도가 높고 고산지에 위치해 낮과 밤의 기온 차가 커 자연 그대로의 장맛이 잘 살아납니다. 실제로 쓰촨에서는 집집마다 직접 두반장을 담가 먹는데 각 가정의 식습관에 따라 맛이 조금씩 다릅니다.

그 밖의 장들

장의 의미는 콩에 머무르지 않고 다양한 형태로 표현됩니다. 라자오장辣椒醬 또는 둬자오장剁椒醬이라 불리는 중국식 고추장은 고추를 사용했지만 한국의 고추장과는 완전 다른 형태입니다. 둬자오장은 후난식 고추절임 장으로 고추를 잘게 다져 소금, 마늘, 생강을 넣고 절인 것입니다. 시큼하면서도 매콤한 맛이 나며 음식에 감칠맛과 단맛을 더해줍니다.

셰편장蟹紛醬은 장쑤, 상하이 지역에서 자주 먹는 장입니다. 따자셰大閘蟹라 부르는 민물 게의 살과 내장을 돼지기름, 생강, 설탕, 식초에 볶아 유리병에 담아 둔 것입니다. '중국에서 제일가는 게'라는 어마어마한 미명을 가지고 있지만, 가을철에 반짝 나타났다 사라지는 따자셰의 감칠맛을 오래도록 보존하며 먹기 위해 만들어졌습니다. 셰편장은 밥이나 국수에 한 숟가락 얹어 비벼 먹거나 두부, 고기와 볶아 먹기도 하고, 만두소로도 더없이 좋은 식재료입니다.

참깨장은 발효를 거치지 않았지만, 장이라는 이름이 붙은 소스입니다. 볶은 참깨를 갈아 묽은 형태로 쓰는데 고소한 맛이 타의 추종을 불허합니다. 참깨장은 샤브샤브의 소스로 가장 많이 사용합니다. 참깨장 베이스에 고추기름, 마늘, 파 등 기호에 맞는 양념들을 추가하여, 핫팟Hotpot에 끓여낸 음식들을 찍어 먹습니다. 겨자와 함께 섞어 차가운 요리의 무침 소스로도 자주 사용합니다.

사차장沙茶醬은 푸젠 지역에서 즐겨 먹는 땅콩 소스입니다. 인도네시아의 사테Sate라는 꼬치구이에 발라먹던 소스가 푸젠에 들어왔고, 여기에 현지인들이 좋아하는 양념을 추가하여 개량했습니다. 사차장에는 땅콩, 참깨, 새우, 코코넛 오일, 소고기 분말, 마늘, 고춧가루 등이 들어갑니다. 훠궈 전문점에서 이 사차장을 쉽게 찾아볼 수 있는데 고소한 땅콩에 매콤달콤한 향미가 더해져 고기를 더욱 맛있게 합니다.

부추꽃을 본 적 있으신가요? 중국에는 부추꽃을 소금, 생강, 사과와 함께 절여 발효시킨 부추꽃장도 있습니다. 지우차이화韭菜花라 부르는 이 장은 특히 북방 지역에서 선호합니다. 부추는 중국에서 나는 오래된 작물로 생강과 함께 기원전부터 즐겨 먹었습니다. 지우차이화는 톡 쏘는 듯한 역한 향 때문에 호불호가 갈리지만 양고기나 내장 요리를 먹을 때 비린내를 제거해줍니다.

중국 구이저우성 레이산의 묘족들이 즐겨 먹는 어장에는 독특한 풍미가 담겨 있습니다. 민물에 사는 미꾸라지 비슷한 작은 물고기를 잡아 어장을 만드는데, 구이저우 근처에서만 자라는 이 물고기의 이름은 파옌위爬岩魚라고 합니다. 물고기와 신선한 고추, 생강, 향신료를 넣고 소금에 절입니다. 밀봉하여 보름 정도 지나면 시고 매운 맛을 띠는 어장이 완성됩니다. 어장은 찌개, 볶음 요리 등 각종 음식을 할 때 고추장처럼 한 숟갈 듬뿍 넣으면 국물에 감칠맛을 듬뿍 더해주는 놀라운 소스입니다.

장은 먹거리가 풍부하지 않은 시절 음식물을 오래 보존하기 위해 만들어졌으나, 반복되는 지루한 식사에 먹는 즐거움을 더해주었습니다. 장은 여기서 머무르지 않고 진화 중입니다. 소고기장, 마라장, 마늘장, 버섯장 등 상상을 초월하는 다양한 장들이 마트의 가판대에 진열되고 있습니다. 간편식이 요리의 번거로움을 대체해나갈수록, 한 숟가락 툭 던져넣으면 화려한 맛을 연출해주는 마법과도 같은 장들이 많아지겠지요. 다양한 맛을 쉽게 내는 장의 마법이 우리의 식탁에 펼쳐지고 있습니다.

전지적 중국 시점에서 읽는
향신료

세상에는 수많은 향신료가 있습니다.
이 향신료를 제대로 다룰 줄 아는 사람이
진정한 맛의 비밀을 꿰차고 있는지도 모릅니다.

◇❖◇

향신료는 세계의 역사를 바꾸었습니다. 5천 년 전부터 이집트에서는 미라를 만들 때 향신료를 방부제로 사용했습니다. 중세 유럽에서 향신료는 고급 향유에 이용되는 재료로, 부의 상징이었습니다. 마르코 폴로는《동방견문록》을 통해 동방의 향신료와 황금의 존재를 알렸습니다.

이처럼 세상에는 수많은 향신료가 있습니다. 향신료는 식물의 꽃, 잎, 씨앗, 줄기, 뿌리, 껍질에서 얻습니다. 원산지와 배합에 따라, 또는 사용량에 따라 천차만별의 맛과 향을 냅니다. 유럽, 동남아시아, 중동, 중국 모두 요리에 향신료를 사용하지만, 그 사용법은 사뭇 다릅니다. 전지적 중국요리의 시점에서 수많은 향신료의 사용법들을 알아보도록 하겠습니다.

중국요리에 향신료를 사용하는 팁

향신료는 육류, 생선의 불쾌한 냄새를 제거하거나 음식의 맛과 향미를 증진시킵니다. 음식에 색을 내기도 하고 약효를 더해주기도 합니다. 사람들은 기름진 중국 음식에 향신료와 허브를 곁들여 느끼한 맛을 중화시킵니다. 오래전부터 향신료를 사용했던 중국은 서양처럼 요리가 완성된 후 얹어내는 방식이 아닌, 재료와 함께 섞는 방식을 차용합니다. 중국요리에서 향신료를 사용할 때 참고할 만한 네 가지 팁을 소개합니다.

첫째는 과유불급입니다. 향신료는 적게 쓰면 맛을 내기 어렵지만, 많이 쓰면 요리 전체를 망칩니다. 특히 쓴맛이 강한 향신료는 사용 비율이 매우 중요합니다. 많이 쓸 바엔 적게 사용하는 것이 원칙입니다.

둘째, 향신료를 사용하기 전에 먼저 충분히 불려줘야 합니다. 향신료마다 맛이 다르고 성질도 달라서 사전 처리를 거쳐야 적절한 향을 취할 수 있기 때문입니다. 향신료는 향을 내는 방향류芳香類와 쓴맛을 내는 고향류苦香類로 나뉘는데, 방향류의 경우 따뜻한 물에 불려 잡냄새를 제거합니다. 대표적인 방향류에는 팔각, 계피, 정향, 소회향 등이 있습니다. 고향류는 사용하기 전에 술에 살짝 담그면 알코올이 휘발되면서 쓴맛과 잡냄새가 함께 날아갑니다. 대표적인 고향류 향신료에는 두구, 산내, 사인, 백지 등이 있습니다.

셋째, 향신료의 크기에 따라 넣는 순서를 달리해야 합니다. 대부분의 향신료는 요리와 함께 약한 불에서 천천히 끓이며 향을 끌어내는데 처음부터 센 불이나 뜨거운 기름에 넣으면 원하는 효과를 얻지 못하기 때문입니다. 입자가 크고 단단한 향신료일 수록 향을 천천히 끌어내기 위해 먼저 넣습니다. 작고 재질이 푸석한 향신료는 요리의 마무리 단계에서 슬쩍 넣어 향을 표현합니다.

마지막으로, 식재료와 향신료 사이의 궁합을 고려해야 합니다. 대표적인 예로 양고기에는 커민, 돼지고기와 내장류에는 두구와 사인, 해물 요리에는 진피를 넣어 잡냄새를 없애고 향을 더 합니다.

오향과 루, 향신료 종합 세트

중국요리에서 가장 많이 사용하는 향신료로 '오향五香'이 있습니다. 오향은 글자 그대로 다섯 가지 향신료를 의미하지요. 산초, 계피, 팔각, 정향 그리고 소회향이 포함됩니다. 오향장육, 오향계, 오향족발 등이 모두 오향을 넣어 만든 요리입니다. 평범한 간장 조림에 오향을 넣으면 짙은 향미와 아련하게 느껴지는 칼칼함, 은은한 단맛이 납니다. 호불호가 갈리지만 이들을 넣음으

평범한 간장 조림에 오향을 넣으면 짙은 향미와
아련하게 느껴지는 칼칼함, 은은한 단맛이 납니다.
호불호가 갈리지만 이들을 넣음으로써
특유의 '중국 향'이 완성됩니다.

로써 특유의 '중국 향'이 완성됩니다.

중국에는 3천 년 이상 된 조리법의 정수가 있습니다. 앞서 소개한 '루'가 바로 그것입니다. 오향이 향신료의 라이트 버전이라면 루는 프로 버전에 가깝습니다. 커다란 솥에 간장과 각종 향신료를 넣고 뭉근하게 끓인 루滷는 한자만 살펴보아도 구자 변에점이 네 개나 콕콕 박혀 있습니다. 여러 재료를 넣었을 법한 모양이죠? 루를 천천히 끓이는 과정에서 특유의 향과 풍미가 스며듭니다. 이 국물을 한 솥에 두고 오래도록 반복해서 사용하기도합니다.

쓰촨 요리에만 백여 가지의 루가 있습니다. 집마다 루에 넣는향신료가 달라 적게는 다섯 가지, 많게는 스무 가지 이상의 향신료를 사용합니다. 루 레시피는 조리사의 비밀 병기라 할 수 있지요. 루를 이용하여 비빔면, 달걀, 육류, 채소 등등 모든 식재료를조리할 수 있습니다.

기성품으로 팔고 있는 가장 대표적인 루향신료로 〈십삼향十三香〉이 있습니다. 왕씨가문의 비법을 기반으로, 사인, 계피, 정향,산초, 팔각, 소회향, 목향, 백지, 산내, 배초,영초, 백두구, 육두구 등 각종 향신료를 블랜딩하여 만든 파우더입니다. 〈십삼향〉은 각종 볶음, 조림, 국, 만두소 등에 널리 쓰이며 맛이 긴가민가할 때 한 스푼 넣으면 요리의 품격이 확 달라지는, 중국 가정에서 꼭 상비하는 조미료입니다.

자주 쓰는 향신료 일곱 가지

바자오八角(팔각)

팔각은 여덟 개의 꼭짓점이 있는 별 모양으로 중국에서는 3천 년 전부터 사용했습니다. 전 세계 팔각의 70퍼센트가 중국 광시에서 납니다. 팔각은 쌉싸름한 단맛을 내며 오랜 시간 끓이는 과정에서 강하고 독특한 향이 납니다. 이 향이 고기 비린내를 잡는 데 효과적이라 육류 요리에 꼭 넣습니다. 우리가 흔히 느끼는 '중국 향'에는 팔각이 가장 많은 지분을 차지합니다.

딩샹丁香(정향)

정향은 꽃봉오리를 쓰는 향신료로 자극적이지만 상쾌하고 달콤한 향이 특징입니다. 꽃이 벌어지면 향기가 날아가 버리므로 꽃이 피기 전에 따서 말려 씁니다. 중국의 고대 관리들이 조회를 할 때면 저마다 껌처럼 정향을 물어 입 냄새를 가셨다고 합니다. 정향은 단독으로 사용하기보다 팔각이나 감초 등의 향신료와 섞어서 씁니다.

천피陳皮(진피)

1년 이상 말린 귤껍질을 진피라고 부르는데, 귤 특유의 향긋한 단맛이 특징이지요. 진피는 비린내를 제거해주므로 생선이나 해물찜에 넣어 싱그러운 향을 더해줍니다. 또 육류의 기름기를 중화하는 역할도 있어 갈비나 각종 육류 요리에도 적극 사용하며, 약재로도 많이 씁니다.

화자오花椒(화초)

얼얼한 매운맛을 내는 화자오는 고추 이전에 매운맛을 담당하던 중요한 향신료입니다. 마라 요리의 얼얼한 맛이 바로 화자오에서 나는 것입니다. 마파두부, 훠궈 등 쓰촨 요리 대부분에 들어갑니다. 푸른색과 붉은색 두 종류가 있습니다.

구이피桂皮(계피)

계피는 독특한 청량감과 달콤한 맛, 고상
한 향이 특징입니다. 육계나무 껍질을 떼어내
어 하루 동안 말려서 만듭니다. 달달하고 알싸한 맛을 내고 풍미
가 독특합니다. 진나라 때부터 생강과 계피는 육류를 조리할 때
꼭 들어가야 할 향신료로 꼽습니다.

즈란孜然(커민)

커민은 중동 요리에 사용되는 핵심 향신
료로 케밥 특유의 향을 내는 주요 원인입
니다. 다른 향신료의 향을 모두 감출 정도로
강하며 톡 쏘는 자극적인 향과 매운맛이 특징입니다. 소회향과
모양이 비슷하나 좀 더 작고 색이 짙습니다. 양꼬치 집에서 내주
는 소스에는 커민이 꼭 들어가지요. 각종 구이 요리의 마무리 단
계에 뿌려 향을 냅니다.

산나이山柰(산내)

산내는 생강과에 속합니다. 건조한 산내
는 코로 맡았을 때 아무런 냄새도 없습니
다. 이를 끓이는 과정에서 은은한 생강 향이

나오며 매운맛과 짠맛이 살짝 느껴집니다. 육류를 조리할 때 넣으면 칼칼하고 시원한 맛을 낼 수 있습니다.

오늘날 향신료는 더 이상 신비한 맛도, 신분의 상징도 아닙니다. 온라인에 검색어 몇 개만 쳐보면 수백 가지 향신료를 구할 수 있으니까요. 향신료는 단독으로 쓸 때와 섞어 쓸 때 전혀 다른 매력을 발산합니다. 때로는 형체를 알 수 없는 향신료 한 스푼이 음식의 맛을 좌우하기도 하고요. 이 향신료를 제대로 다룰 줄 아는 사람이 진정한 맛의 비밀을 꿰차고 있는지도 모릅니다.

중국 간장,
단맛과 짠맛 사이

동양인의 입맛에 친숙한 간장은
어디서든 실패하지 않는 맛을 보장하는
든든한 식재료라 할 수 있지요.

법정 스님께서 쓰신 《법정 행복은 간장밥》이라는 책이 있습니다. 갓 지은 쌀밥에 간장과 참기름 몇 방울 똑똑 떨어뜨려 비벼 먹는 세상에서 제일 간단한 요리입니다. 소박한 간장밥 한 그릇의 주인공은 단연 간장입니다. 눈처럼 흰 쌀밥에 흑진주 같은 간장 한 방울을 톡 떨어트리면 드라마틱한 변화가 생기는데요. 간장은 고슬고슬한 쌀알에 윤기와 색을 입혀주고, 우리의 미각을 이끌어 '단짠'과 감칠맛 사이로 안내해줍니다. 덕분에 별다른 반찬 없이 먹어도 행복한 한 그릇 식사가 완성됩니다. 간장의 힘은 이토록 대단합니다.

여러 소스 중 짠맛, 단맛, 감칠맛 등 여러 맛을 한 번에 표현할 수 있는 것은 간장이 유일합니다. 동아시아 지역의 주방에서 간장은 없어서는 안 될 중요한 존재입니다. 맛을 내고 색을 더하며 향을 좌우할 뿐만 아니라, 식재료를 오래 보존시켜주는 역할까지 하니까요.

고기를 빚어 간장을 내다

지금으로부터 약 3천 년 전 주나라 시기부터 장에 대한 기록을 발견할 수 있습니다. 초기의 간장은 황제에게 진상하는 고급 조미품으로, 다진 고기에 누룩과 소금을 섞어 발효시킨 것이었습니다. 한나라 때 문헌《설문說文》에는 "장은 다진 고기장으로 고기와 술에서 난다"고 기록되어 있습니다. 신선한 고기를 다져서 누룩, 소금과 함께 용기에 밀봉하여 발효시킨 것이 최초의 간장입니다. 귀족들만 먹는 사치품이었던 간장은 차츰 저렴한 콩이 고기를 대체하며 널리 쓰기기 시작했습니다.

간장을 의미하는 '장유醬油'라는 단어는 남송 시기에 처음으로 나타났습니다.《오씨중궤록吳氏中饋錄》에는 게 요리에 술, 장유, 참깨 기름을 넣는다는 기록이 있습니다. 송나라 시기부터 사람들은 다양한 간장을 만들어 조미료로 사용했는데, 청나라 때에 이르러 사용도가 더욱 무궁무진해졌습니다.

성처우生抽와 라오처우老抽

장유는 양조 방식에 따라 성처우, 라오처우로 나눕니다. 한자

중국에서는 삼복에 장을 말리고 가을에 간장을 뽑습니다.
삶은 콩으로 메주를 빚지 않고
밀가루를 버무린 뒤 넓게 펴서 누룩 발효합니다.

'추抽'는 뽑는다는 의미로, 장에서 추출했음을 의미하지요. 보통 성처우는 맛을 내는 용도, 라오처우는 색을 내는 용도로 씁니다.

성처우는 숙성된 장에서 짜낸 첫 간장으로, 색이 맑고 짠맛이 강합니다. 무침 요리, 또는 야채 요리의 간을 맞추는 데 사용합니다. 라오처우는 성처우에 당을 추가하여 최소 6개월 더 숙성시킨 것으로, 숙성 과정에서 간장 속의 아미노산과 당이 마이야르 반응을 일으켜 짙은 검붉은 색으로 변합니다. 성처우보다 점성이 강하지만 염도가 낮고 단맛이 나서 주로 고기를 볶거나 조릴 때, 또는 음식에 색을 입히는 데 사용합니다.

간장 발효법

중국에서는 삼복에 장을 말리고 가을에 간장을 뽑습니다. 삶은 콩으로 메주를 빚지 않고 밀가루를 버무린 뒤 넓게 펴서 누룩 발효합니다. 발효 과정을 거치면서 콩에 들은 탄수화물, 지방 등이 분해돼 구수하고 감칠맛을 내는 여러 아미노산이 생성되지요. 동시에 밀가루 전분에서 발생한 당이 더해지며 중국 간장 특유의 단맛이 납니다.

간장의 발효 과정은 '고염희태저온법'과 '저염고태고온법' 두

가지가 있습니다. 누룩 발효를 거친 콩에 소금물을 부어 흐르듯이 묽은 상태로 발효시키는 것이 고염희태저온법입니다. 전통 발효법인지라 약 반년 동안 진행되는데, 낮에 해를 보고 밤에 이슬을 먹으며 천천히 장이 익기 때문에 향이 진해집니다. 저염고태고온법은 염분을 6~8퍼센트, 수분을 50~58퍼센트 이하로 유지시키며 고온에서 발효시킵니다. 약 2주 가량이면 완성된 간장을 뽑을 수 있어 생산성이 높습니다.

중국요리 중 간장이 많이 들어가는 조리법으로 홍사오紅燒와 앞에서도 언급한 루가 있습니다. 홍사오는 식재료를 센 불에 볶아 간장을 넣어 쪄내듯 끓인 요리법이고, 루는 간장과 각종 향신료를 넣고 장시간 끓여내는 요리법입니다. 홍사오러우, 홍사오지紅燒鷄 또는 루단鹵蛋, 루주티鹵猪蹄 등의 음식은 이름만 봐도 모두 간장의 짠맛과 단맛이 조화로운 요리임을 알 수 있습니다. 동양인의 입맛에 친숙한 간장은, 어디서든 실패하지 않는 맛을 보장하는 든든한 식재료라 할 수 있지요.

중국요리의 삼 총사
파, 생강, 마늘

중국요리의 레시피는 보통
"기름을 두르고 파, 생강, 마늘을 볶는다"로 시작합니다.
모든 중국요리에 들어가는 필수 요소이자
시작과 끝을 의미한다고 볼 수 있지요.

◇✦◇

중국요리의 레시피는 보통 "기름을 두르고 파, 생강, 마늘을 볶는다"로 시작합니다. 중식당의 주방에는 갖은 모양으로 썰어 둔 파, 생강, 마늘이 상비되어 있고 가정의 냉장고에는 항상 그들을 위한 자리가 있습니다. 식당 테이블에는 다진 파나 마늘 종지가 비치되어 마음껏 추가할 수 있도록 배려해줍니다. 파, 생강, 마늘은 모든 중국요리에 들어가는 필수 요소이자 시작과 끝을 의미한다고 볼 수 있지요.

파, 생강, 마늘은 음식에 향미를 더해주고 비린내를 제거하며 살균 및 식욕 증진 효과가 있습니다. 이들은 모두 '신辛'에 해당하는 매운맛을 띠지만 고추와는 사뭇 다른데, 고추의 매운맛은 캡사이신이고 마늘이나 파의 매운맛은 알리신입니다. 캡사이신과 알리신은 모두 우리 몸에 매운 느낌의 통각을 주지만 알리신은 열을 가하면 매운맛이 날아갑니다. 반면에 캡사이신은 열을 가해도 매운맛이 유지됩니다.

이들 삼 형제를 잘 사용하는 데는 비법이 있습니다. 향을 최대한 끌어내기 위해 볶음 요리에는 잘게 썰거나 다져서 사용합니다. 오랜 시간 끓여야 하는 조림에는 투박하게 자르고 두껍게 썰어 넣습니다. 간장이나 식초 등에 곁들여 소스로 쓰는 경우에는 채를 썰어 쓰면 좋고, 만두나 전병의 소를 만들 때는 곱게 다져서 고기나 채소와 함께 버무립니다.

실크 로드를 따라 전해진 마늘

단군 신화에 따르면, 한민족과 마늘의 인연은 수천 년을 거슬러 가야 하지만 마늘은 사실 한사군 시대를 지나고 나서야 한반도에 유입되었습니다.

인류가 마늘을 먹은 역사는 기원전 2500년 무렵까지 거슬러 갑니다. 이집트 쿠푸 왕의 피라미드 벽면에 새겨져 있는 상형 문자에는 피라미드 건설에 종사한 노동자들에게 마늘을 먹였다는 기록이 있습니다. 이 마늘은 기원전 140년, 한나라 시기에 중앙 아시아를 통해 중국으로 전해집니다.

서한 시기 실크 로드를 따라 중국에 전해진 작물 중에는 마늘 외에도 참깨, 오이, 호두 등이 있는데 중국에서는 이 시기에 들여온 작물에 '호胡' 자를 붙였습니다. 여기서 쓰인 한자 '호胡'는 호두, 호떡에 붙는 글자와 같은 것으로 오랑캐를 의미하는 글자입니다. 따라서 마늘은 호산葫蒜으로 불렸고, 참깨의 원래 이름은

쏸룽산베이

라바쏸

호마胡麻였으며 오이는 호과胡瓜라 불렸습니다.

중국 사람들은 마늘 이외에도 매우 적극적으로 외래 작물을 받아들였습니다. 낙타 등에 실려 온 지중해와 중앙아시아의 작물들은 중국인들의 밥상을 변화시켰습니다. 기원후 700년경 당나라 시기 정향, 육계, 두구 등 인도의 향신료들이 중국에 수입되었고, 명나라 말기에 이르러 토마토, 감자를 비롯한 미주 작물들이 중국에 들어오기 시작했습니다. 양파, 양배추 등 '양洋'자가 들어간 작물들은 대개 바다를 건너왔다 하여 붙여진 이름들입니다.

다시 마늘로 돌아가 봅시다. 마늘은 다지거나 으깨진 형태로 음식에 들어갈 뿐만 아니라 그 자체로도 식재료가 됩니다. 중국의 북방 지역에서는 생마늘을 즐겨 먹습니다. 양꼬치를 먹을 때 생마늘을 함께 먹는가 하면 베이징의 짜장면집에서는 테이블마다 한 움큼씩 준비해두지요.

섣달 초팔일에 절여 먹는 라바쏸臘八蒜은 한 해를 마무리하고 새해를 맞이하는 상징적인 음식입니다. 껍질을 벗긴 마늘을 식초에 담근 것으로 익으면서 점차적으로 푸른빛을 띠게 됩니다. 설날이면 이 새콤한 라바쏸을 꺼내 고기만두와 함께 먹습니다.

다진 마늘을 듬뿍 넣어 볶은 요리의 이름에는 '쏸룽蒜蓉'이라는 단어가 붙습니다. 마늘 배추 요리는 쏸룽바이차이蒜蓉白菜, 마늘 가리비 요리는 쏸룽산베이蒜蓉扇貝라고 부릅니다. 쏸룽 요리는 마늘이 반 이상 들어갈 정도로 '마늘 범벅'이라서, 대개 한국인의 입맛에 잘 맞습니다. 생선 구이인 카오위烤魚나 해물 요리를 고를 때 여러 맛이 옵션으로 준비되어 있다면 쏸룽 맛을 고르세요. 실패 확률을 줄일 수 있습니다.

공자님도 즐겨 드신 토종 작물, 생강

생강은 중국의 토종 작물입니다. 《논어》에는 "공자께서는 식사 때마다 생강을 꼭 챙기나 많이 드시지 않았다"고 나와 있습니다. 《사기》의 화식열전에서는 "천 이랑의 생강과 부추를 경작하는 자는 천 호의 가구를 거느린 제후와 맞먹는다"라고 했습니다. 생강과 부추는 이미 오래전부터 경제력의 지표로 작용할 정도로 중요한 작물이었던 셈이지요.

중국의 광둥, 섬서, 쓰촨, 산둥 등지에서 널리 재배되고 있는 생강은 비린내를 없애고 해독 효과가 있어 생선, 육류, 게 요리에 빠짐없이 들어갑니다. 찐 생선이나 게 요리를 먹을 때 식초에 곁들인 생강채는 독보적인 존재감을 나타냅니다.

쓰촨 요리 중 어향, 곧 '생선의 맛'을 내는 것 역시 생강의 역할입니다. 황주를 데워 마실 때 생강을 넣어 가열하면 한기를 제거하고 혈액 순환을 돕는 기능이 있다고 하고요. 약용으로도 자주 쓰이는데 생강과 홍탕을 함께 끓여 감기약을 대신하기도 합니다.

기름진 중국요리와 천생배필, 파

춘추 시기 문헌《관자管子》의 계에서는 파에 관한 이야기가 등장합니다. 춘추 시기 제환공은 연나라를 도와 오랑캐를 제거하는 과정에서 파를 얻어 제나라 전역에 심기 시작했습니다. 제나라는 오늘날의 산둥 지역을 기반으로 세워진 나라입니다. 산둥 사람들은 지금도 파를 즐겨 먹는데 그 재배 역사가 무려 2천 7백 년에 달합니다.

파는 대파와 쪽파로 나누는데 북방에서는 대파를 선호하고 남방에서는 쪽파를 즐겨 먹습니다. 차가운 땅에서 잘 자라는 대파는 중국의 산둥과 랴오닝, 허베이가 주요 산지입니다. 이 지역의 대파는 굵고 단맛이 납니다.

특히 산둥 장치우에서 난 파를 최고로 칩니다. 혹독한 겨울을

견디고 새봄에 자란 파는 조직이 연하고 아린 맛이 덜하며 단맛이 강해 최상품으로 꼽습니다.

센 불에 볶고 찌는 요리에는 대파가 잘 어울리지요. 뿐만 아니라 국물, 볶음 요리, 무침에 넣기도 하고 전병에 둘둘 말아 싸 먹기도 합니다. 베이징의 오리 요리 전문점 〈취안쥐더全聚德〉를 비롯한 유명 레스토랑은 항상 장치우에서 자란 파를 고집합니다. 산둥 요리의 대표적인 요리인 충사오하이선蔥燒海蔘은 파와 해삼을 볶아 만든 요리입니다.

생파도 곧잘 된장에 찍어 먹는 북방 사람들과 다르게 남방 사람들은 파를 좀 더 신중하게 씁니다. 남방의 쪽파는 여인의 손가락처럼 희고 얇은 것을 최고로 칩니다. 담백한 맛을 추구하는 음식에 대파를 함부로 쓰면 과한 향 때문에 요리를 망치게 됩니다. 그래서 남방에선 음식에 들어가는 쪽파를 예쁘게 묶거나 송송 썰어 장식으로 씁니다.

한 방울의 마법,
기름

기름에 튀기거나 볶은 음식은
어떤 조리법보다 훨씬 풍부한 맛을 냅니다.
신발도 기름에 튀기면 맛있다는 말은 유명하지요.

◇◈◇

중국과 한국의 마트 풍경은 사뭇 다른데, 그중 가장 큰 차이는 기름 코너에 있습니다. 한국 마트에서 파는 식용유는 대략 9백 밀리리터 내외지만 중국은 가정용 식용유의 기본 단위가 5리터부터 시작합니다. 설날이나 명절 시즌이면 이런 대용량 기름마저도 가구당 몇 통씩 사두어야 비로소 안심한답니다. 그 이유야 당연히 중국인들이 기름진 음식을 즐기며 다양한 기름을 요리에 사용하기 때문이겠죠.

기름은 열을 전도하여 음식을 익히고, 향미를 더해주며 열량을 보충해줍니다. 기름에 튀기거나 볶은 음식은 어떤 조리법보다 훨씬 풍부한 맛을 냅니다. 신발도 기름에 튀기면 맛있다는 유명한 말도 있으니까요.

중국 농업 정보망의 통계에 따르면 2017년 중국의 연간 식용유 소비량은 약 3100만 톤에 달합니다. 그중 콩기름 소비는 1600만 톤으로 전체 소비의 절반을 차지하고 땅콩기름과 유채씨기름의 소비는 각각 200만 톤에 달합니다.

중국에서 자주 먹는 식용유는 땅콩기름, 유채씨기름, 콩기름,

옥수수기름, 참기름 등이 있습니다. 식물성 기름 외에 돼지기름과 소기름 같은 동물성 기름도 요리법에 자주 등장합니다. 또 매운맛을 내는 홍유紅油나 얼얼한 맛을 내는 마유麻油 같은 조미유는 몇 방울만으로 마법처럼 요리의 맛을 변화시킵니다. 다양한 기름의 세계를 소개합니다.

여러 가지 식물성 기름

식물성 기름을 사용하기 전 중국 사람들은 동물의 기름으로 요리를 해 먹었습니다. 기원후 100년, 한나라 시기 사전인《설문해자說文解字》에 의하면 "뿔이 달린 가축에서 난 기름은 지脂, 오리, 닭, 돼지 등 뿔이 없는 가축의 기름은 고膏"라고 구분했습니다. 당시에도 기름을 구분하여 썼음을 알 수 있는 문헌입니다.

한나라 이전까지는 요리에 주로 동물성 기름을 쓰고, 식물성 기름은 등잔불을 밝히는 데 사용했습니다. 그러다 등잔의 기름이 은은히 피어오르며 향긋한 향이 도는 것을 알고 나서 이 기름을 요리에 쓸 궁리를 하게 되었지요. 한나라 시기 참깨가 서역에서 처음 중국으로 전해졌는데, 이 참기름은 최초의 식물성 식용유가 됩니다.

중국 마트의
기름 코너

당, 송 시기 참기름은 식용유로 널리 사용되었고 그 뒤를 이어 유채씨기름, 차茶기름, 땅콩기름 등이 주방에 등장하기 시작했습니다. 청나라 중기의 조리서《조정집調鼎集》의 유편을 살펴보면 "채기름에서는 짙은 맛을 취하고, 참기름에서는 향을 얻으며 두 가지 모두 요리에 쓸 수 있다"고 서술되어 있습니다. 용도에 따라 식물성 기름을 구분하여 쓴 것이지요. 같은 시기 원매 선생이 집필한《수원식단隋園食單》에서는 "야채 요리에는 동물의 기름을, 육류를 볶을 때에는 식물의 기름을 쓴다"고 언급됩니다.

유채가 많이 나는 남부 지역의 사람들은 유채씨기름을, 후난과 장시 사람들은 차기름을, 시베이 사람들은 참기름을, 둥베이 지역에서는 콩기름을 선호합니다. 가장 늦게 사용된 기름은 땅콩기름이지만 지금은 볶음용 기름으로 중국에서 널리 사용되고 있습니다.

　땅콩기름은 포화지방산, 단쇄지방산과 다불포화지방산의 비례가 3:4:3으로 지방산의 비중이 평형을 이루는, 균형잡힌 식물유입니다. 압착을 통해 얻은 땅콩기름은 비타민 E와 카로틴 등의 영양 성분이 다량 함유되어 있고 향이 짙어 볶음 요리, 구이 요리에 풍부한 향을 입혀줍니다.

　콩기름은 밀가루 반죽을 할 때 또는 만두소를 만들 때 자주 씁니다. 고온에서 튀기거나 조리할 때는 사용하지 않고 가정에서 가볍게 볶을 때에만 씁니다. 콩기름의 지방산은 리놀산 51.7퍼센트, 올레산이 22.4퍼센트, 리놀레산이 6.7퍼센트로 구성되며 비타민 E가 가득합니다.

　유채씨기름은 올리브 오일과 마찬가지로 영양이 풍부하고 항산화 작용이 뛰어난 기름입니다. 유채씨기름은 다른 식물성 기름보다 점도가 높아 식재료를 부드럽게 감싸줍니다. 간장조림, 튀김, 구이에 널리 쓰입니다. 홍유나 마유 등 각종 조미유를 만들 때도 유채씨기름을 씁니다.

중국식 버터,
돼지기름

사천요리의 홍일점,
고추기름

참기름은 고온에서 사용하면 향미가 날아가 버리기에 냉채 요리 또는 국물에 방울 방울 떨어트려 맛을 냅니다.

중국식 버터, 돼지기름

돼지기름은 중국에서 가장 오래된 식용유입니다. 집집마다 돼지기름을 만들어 유리병에 담아두고 쓰지요. 돼지기름에 볶는다고 생각하면 거부감이 들지만, 삼겹살을 구운 기름에 볶은 김치를 생각하면 그 맛이 얼마나 감미로운지 금방 떠올릴 수 있게 됩니다.

가정에서 돼지기름을 내는 법을 살펴볼까요? 돼지기름을 만들때 사용되는 비계는 체강* 내에 있는 것을 씁니다. 중국어로 판유板油라고 합니다. 가마에 비계를 잘게 다져 넣고 낮은 불에서 돌리면서 기름을 냅니다. 비계가 완전히 녹으면 화자오와 소금을 넣어 맛을 냅니다. 마지막으로 찌꺼기를 거두어내고 기름을 유리병에 담아 응고시킵니다. 요리할 때마다 눈처럼 하얗게 굳은 돼지기름을 한 숟가락씩 덜어 쓰면 별다른 양념 없이도 풍

동물의 체벽과 내장 사이에 있는 빈 곳.

부한 맛을 낼 수 있습니다.

돼지기름은 요리를 볶거나 만두를 빚을 때, 떡을 구울 때 적극 사용합니다. 육즙 가득한 만두 샤오롱바오小籠包를 베어 물었을 때 풍부하게 흘러내리는 육즙이 바로 돼지기름에서 나온 것입니다. 만두를 빚을 때 젤라틴화한 비계를 함께 싸 넣으면 찌는 과정에서 녹아내려 육즙이 형성되는 원리이지요. 게 철이 되면 노랗게 익은 게장과 돼지기름을 함께 볶아 기름을 내기도 하는데요. 이 기름은 밥을 볶아 먹거나 국수를 비벼 먹는 고급 소스가 됩니다. 이외에도 상하이 지역의 유명한 간장 볶음밥인 주유라오판猪油捞饭은 간장과 돼지기름만으로 맛을 낸 음식입니다.

쓰촨 요리의 홍일점, 고추기름

중국 조미 기름에는 홍유라고 부르는 고추기름이 있습니다. 이는 쓰촨 요리에서 자주 사용하는 조미유로 쓰촨 셰프들의 비밀 병기입니다. 홍유를 냉채 또는 볶음 요리에 넣으면 고소한 매운맛이 살아나기 때문이지요.

홍유를 만들 때는 유채씨기름을 베이스로 씁니다. 가마에 기름을 붓고 열기가 올라오면 양파, 파, 생강, 샐러리, 고수 등 향이 짙은 야채를 넣고 듬뿍 튀겨줍니다. 유채씨기름은 250도까지 온도를 올려야 특유의 냄새를 없앨 수 있지요. 튀겨진 채소를 걸러내고 기름을 고춧가루에 부을 차례입니다. 이때 고춧가루는 세 가지 이상의 품종을 섞어 씁니다. 쓰촨의 얼진탸오二津條 고춧가루와 고운 색을 내는 허난산 고춧가루, 매운맛이 강한 윈난산 샤오미자오小米椒를 섞어 쓰면 빛깔과 매운맛 두 마리의 토끼를 잡을 수 있습니다.

마지막으로 고춧가루에 기름을 부을 때 세 번에 나누어 붓습니다. 팔팔 끓던 기름 온도가 60퍼센트 정도로 식으면 반을 붓고, 좀 더 식혀서 한 번, 세 번째로 기름 온도가 미지근해졌을 때 전체를 부어줍니다. 마지막으로 참깨를 뿌린 뒤 랩을 씌워 48시간 숙성시키면 고소한 맛의 홍유가 완성됩니다.

기름은 한 방울의 마법 같은 존재입니다. 이 기름을 제대로 사용하려면 깊은 조예가 필요합니다. 표현하고자 하는 맛과 기름의 역할을 고민하여 종류와 사용량을 정한 뒤, 몇 가지 갖춰놓고 요리하여 맛의 차이를 느껴보면 먹는 즐거움이 더해질 것입니다.

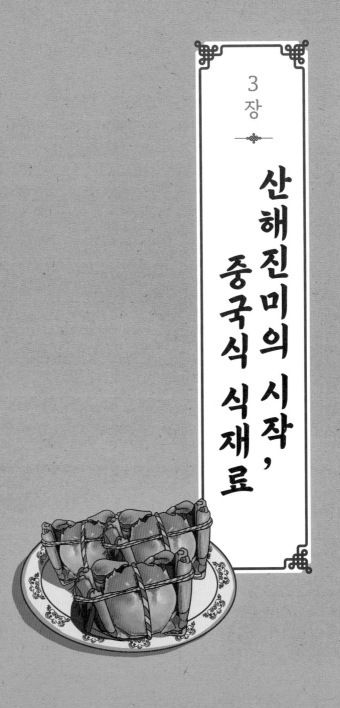

3
장

산해진미의 시작, 중국식 식재료

고수를 위한 변명

고수는 중국 전역에서 큰 사랑을 받는
식물로 자리를 잡았습니다.
심지어 고수 맛을 모르는 사람은
미식가가 아니라고 말하기도 합니다.

◇✦◇

고수는 중국어로 샹차이香菜, 향기 나는 풀이라는 뜻입니다. 미나리과의 채소로, 베트남의 쌀국수, 태국의 똠얌꿍, 멕시코의 타코 등 약방의 감초처럼 온갖 요리에 일단 들어가고 보는 허브입니다. 참고로 호가든 맥주나 콜라에도 고수가 들어간다고 합니다.

고수에는 섬유질과 각종 비타민이 풍부하게 들어 있습니다. 고수 백 그램에 비타민 A는 하루 권장 섭취량의 130퍼센트가 들어 있고, 비타민 K는 무려 400퍼센트에 달하는 양이 들어 있습니다. 또 나쁜 콜레스테롤 수치와 혈당을 낮춰주는 데 도움을 줍니다. 베타카로틴과 같은 풍부한 항산화 성분도 들어 있어 면역력을 높이고 건강을 증진시켜주지요.

그런데 중국을 방문하는 한국인에게 꼭 필요한 중국말 세 가지가 있다고 합니다. "니 하오(안녕하세요)"와 "셰셰(감사합니다)" 그리고 "부야오 샹차이(고수는 필요 없어요)"입니다. 또 여러 사람들이 자유롭게 의견을 게시하는 위키백과엔 "고수는 한국인들에겐 매우 낯설고 적응하기 힘들 풀"이라고 적혀 있고요. 혹자는 고수에서 비누, 세제와 같은 냄새가 난다고 합니다. 뾰족뾰족 귀엽게 자란 잎사귀, 가느다란 줄기, 하늘하늘 청초한 자태. 비주얼로 봐서는 꽤 어여쁜 채소가 대체 왜 이렇게 많은 사람들의 미움을 받게 되었을까요?

캐나다에서 진행한 연구에 따르면 실험에 참여한 사람 중 동아시아 사람들은 21퍼센트가 고수를 싫어했고 백인의 17퍼센트, 아프리카인의 14퍼센트, 동남아인들 중에서도 7퍼센트가 고수를 싫어했다고 합니다.

사실 중국에서도 고수는 호불호가 갈리는 채소입니다. 그럼에도 중국요리에는 이 고수가 참 많이 들어갑니다. '중국 음식 먹기 힘들다'는 관념 속에는 대개 기름을 많이 사용하는 중국식 조리법이나 고수의 향이 주요 원인으로 작용합니다.

유럽의 지중해 지역에서 나는 허브인 고수는 기원후 1세기경 장건이 서역에서 중국으로 가져온 식물로, 특히 기름기 많은 음식을 만나면 위력을 발휘합니다. 튀기고 볶아서 기름이 흥건해진 중국요리의 맛을 잡아주는 데 탁월하지요. 오랜 세월을 거치며 고수는 어느덧 중국 전역에서 큰 사랑을 받는 식물 중 하나로 자리잡았습니다. 심지어 고수 맛을 모르는 사람은 미식가가 아니라고 말하기도 합니다.

다양한 요리에 활용되는 고수는 특히 냉채 요리에 많이 들어

갑니다. 오이무침이나 소고기무침과 같은 냉채 요리에 고수를 한 줌 넣으면, 특유의 향이 요리에 청량감을 더해줍니다. 탕 요리에도 빠질 수 없죠. 우육면이나 양고기탕처럼 자칫 잡냄새가 날 수 있는 국물 요리에 들어가면 비린내를 제거하고 식욕을 돋우어줍니다.

훈툰이라고 하는 만둣국에서도 거의 주연급으로 활약합니다. 만두, 마른 새우, 말린 김이 전부인 훈툰에 고수가 없다면 밍밍하고 무난한 음식이 되었을 것입니다. 뜨거운 국물을 만나 발산되는 고수의 향은 훈툰에 독보적인 매력을 더해줍니다. 훠궈를 찍어 먹는 소스 중 참깨장에도 파와 간마늘, 고수는 필수 삼 총사입니다. 참깨장의 고소함은 살리고 느끼함을 중화시켜 주지요.

그러나 중국의 장쑤, 광둥 지역 요리에는 고수가 많이 들어가지 않습니다. 데코레이션으로도 쪽파나 참깨를 뿌리는 것을 선호합니다. 돼지고기 요리에도 고수를 넣지 않습니다. 고수와 돼지고기는 궁합이 맞지 않는다고 믿기 때문인데, 물론 언제나 예외는 존재합니다. 둥베이 지역의 샹라러우쓰香辣肉絲라는 요리는 돼지고기와 실고추, 파, 고수를 볶아낸 매우 유명한 음식입니다.

반대로 한국에서 먹어본 중국 음식이 본토에서 먹었던 맛과 다른 이유 역시 고수 때문일지도 모릅니다. 한국에서 나는 고수는 중국산 고수에 비해 향이 매우 약하기도 하고, 대부분의 한국 중식당에서는 아예 고수를 빼고 요리하기 때문이지요.

한반도에 고수가 전해진 것은 고려 시기부터였습니다. 중국 둥베이 지역에서 사는 동포들의 요리에도 고수가 많이 등장하지요. 곰국 같은 탕 요리에 파를 송송 썰어 넣듯이 고수를 한 줌 넣기도 하고, 심지어는 배추김치를 절일 때도 고수 씨를 곱게 갈아 마늘과 함께 버무려 넣습니다.

이렇게 한국과 그리 멀지 않은 채소인 고수이지만, 익숙해지기엔 아직 어려울 수 있습니다. 그러니 고수를 못 먹더라도 생존 중국어 한마디를 꼭 기억하면 됩니다.

"부야오 샹차이!"

국민 육식,
돼지고기의 역습

중국에는 유독 돼지고기 요리가 많습니다.
중국 전체 육류 소비량의 66퍼센트를 차지하는
돼지고기를 선호하는 이유는 무엇일까요?

◇◈◇

중국에는 유독 돼지고기 요리가 많습니다. 가정에서 흔히 만드는 갈비 요리, 만두, 완자, 족발 모두 돼지고기를 사용하고, 둥포러우나 궈바오러우, 징장러우쓰, 홍사오러우 등 한국에 알려진 음식도 모두 돼지고기 요리입니다. 중국 여행을 다니다 보면 나오는 음식이 돼지고기 요리뿐이라 왜 소고기는 안 사주느냐는 엉뚱한 핀잔을 듣는 경우도 종종 있지요.

2018년 중국 국가통계국의 데이터를 살펴보면, 중국의 연간 육류 소비량은 8517만 톤에 달합니다. 그중 돼지고기가 5404만 톤으로 전체 육류 소비량의 66퍼센트를 차지합니다. 돼지고기의 뒤를 잇는 것은 닭, 오리와 같은 가금류로 22퍼센트, 소고기는 8퍼센트, 양고기는 5퍼센트를 차지합니다. 그렇다면 중국에서 돼지고기를 선호하는 이유는 무엇일까요?

중국의 육식사肉食史

중국은 오래전부터 말, 소, 양, 돼지, 개, 닭을 '육축六畜'이라 칭하여 고기로 먹었습니다. 그중 소와 양은 귀족들의 전유물이었습니다.《예기禮記》의 왕제에 "제후는 이유 없이 소를 죽이지 않고, 대부는 이유 없이 양을 죽이지 않고, 무사는 이유 없이 개를 죽이지 않고 서민은 이유 없이 좋은 음식을 먹지 않는다"라는 기록이 나옵니다. 소와 양, 개, 돼지를 두고 등급을 나누어 취급한 것이지요.

중국의 밥상에 소고기가 드문 이유를 알려면 과거로 거슬러 올라가야 합니다. 농경 사회에서 소는 중요한 자산이자 노동력의 핵심이었기에 함부로 잡을 수 없었습니다. 따라서 소고기는 매우 귀한 음식이었지요. 한나라 때 소는 법으로 보호를 받았는데, 사적으로 소를 잡으면 매우 가혹한 형벌이 내려졌습니다. 당, 송 시기에 이르러 소는 더욱 보호를 받아 아예 도축을 금했기에 자연사하거나 병사한 소가 아니면 팔거나 먹을 수 없었습니다.

음식 문화가 꽃을 피운 송나라

중국의 식문화는 송나라 때에 이르러 절정을 맞이합니다. 1127년, 송나라는 금나라의 침입을 피해 수도를 북방의 카이펑에서 남방의 항저우로 옮기게 됩니다. 이후 개방 도시가 크게 부흥하면서 교류가 발달하고 북쪽의 밀가루 음식이나 양고기를 즐겨 먹는 문화가 남쪽으로 전달되었습니다. 또 남방의 쌀이 북방으로 실려 가고 소금과 차 역시 북방에 전해집니다. 송나라는 식문화 면에서 대통합을 이룬 시기라 할 수 있지요.

송나라 시기에도 소고기는 여전히 금기되었기에 황실과 귀족들은 양고기를 주로 먹었습니다. 1067년부터 1085년까지 재위한 신종 시절 황궁 내 양고기 소비량은 연간 43만 근에 달했는데, 이에 비해 돼지고기는 4천 근 정도에 불과했습니다. 황제가 양고기를 즐겨 먹으니 자연스럽게 관리들도 양고기를 선호하기 시작했습니다. 양고기는 한때 최고의 육식으로 취급되어 결혼식이나 각종 제사에 적극적으로 사용되었습니다.

소와 양고기는 귀하니 돼지고기는 일반 서민들이 차지했습니다. 귀족들은 돼지를 잡는 일, 기르는 일, 먹는 일 모두 미천하다여겼으니까요. 돼지고기는 서서히 서민들 사이에서 인기를 끌었습니다. 《동경몽화록》에 의하면 카이펑에는 매일 만여 마리의 돼지가 장사꾼들 손에 끌려왔고, 수많은 백정에 의해 도축되어 백성들의 식탁에 올랐다고 합니다.

이 시기에 돼지고기가 주목을 받은 데는 또 다른 이유가 있습니다. 송나라가 건국되고 나서야 바야흐로 도시 문명이 생겼기 때문입니다. 동시에 철제 조리 기구의 발달과 함께 연료를 절약하기 위하여 고온으로 가열하는 조리법이 탄생했습니다. 볶는 조리 과정은 찌거나 삶는 것에 비해 연료를 훨씬 절약해주지요. 이렇게 센 불에 볶는 조리법에는 닭고기나 양고기보다 기름기가 많은 돼지고기가 훨씬 적합합니다. 게다가 한나라 말부터 서역과의 교류가 빈번해지며 채소들이 다양해졌는데 돼지고기가 어떤 채소나 조미료와도 잘 어울렸다는 점도 한몫했습니다. 사람들은 차츰 돼지고기의 풍미에 매료됩니다.

돼지고기의 체면을 제대로 살려준 사람은 송나라 시인 소동파입니다. 소동파는 시 〈저육송猪肉頌〉에서 "황주의 돼지고기는 질 좋고 가격이 진흙처럼 싸서, 부자는 먹으려 하지 않고 가난한 자는 조리할 줄 모른다. 매일 아침 한 그릇 뚝딱, 내 배가 부르니 그대 뭐라 하지 마오"라고 썼습니다. 소동파는 재능이 넘치는 사람이었지만 나라의 쓰임을 받지 못해 이리저리 옮겨 다니며 풍요로운 삶을 누리지 못했습니다. 자연히 양고기보다는 돼지고기를 더 많이 찾았으리라 짐작됩니다.

동파육은 바로 이 소동파가 만들어낸 것입니다. 소동파가 항저우에서 벼슬을 할 당시 큰 홍수가 터졌는데, 신속하게 조치해 백성들은 수재를 면할 수 있게 되었습니다. 이에 감복한 백성들

이 그가 돼지고기를 좋아한다는 얘기를 듣고 돼지를 바쳤더니 소동파는 고기를 향긋하게 쪄서 푹 익힌 뒤, 네모나게 썰어 백성들에게 나누어 먹이도록 지시했다고 합니다. 그 요리가 바로 동파육입니다. 이런 역사를 지닌 동파육은 삽시간에 유명한 요리로 회자되며 지금까지도 사랑을 받고 있습니다. 또 그는 많은 시구를 통해 돼지고기를 노래하고, 직접 요리하기도 했습니다.

돼지고기의 역습

돼지를 기르는 일은 소와 양을 기르는 일보다 품이 적게 드는 것은 물론, 생각보다 쓸데가 많았습니다. 그래서인지 명, 청 시기 귀족들은 점차 돼지고기를 받아들이기 시작합니다. 명나라 시절의 기록 《명궁사明宮史》에는 황실의 신년 식단에 돼지고기볶음, 돼지 내장 요리, 돼지고기 소를 넣은 만두가 올라갔다고 나와 있습니다.

청나라에 이르러 돼지고기는 주요 식재료로 확실히 자리매김합니다. 청나라 건륭제 시기의 미식가인 원매는 저서 《수원식단》에서 "돼지고기는 쓰임이 가장 많아 교주로 불릴 만하다"고 했습니다. 1784년 설날, 건륭제를 위한 밥상에는 돼지고기 65

근, 양고기 20근이 올랐습니다. 돼지고기가 마침내 서민의 식탁 뿐만 아니라 황실 식탁의 중심을 장악하게 된 것입니다.

식탁의 주인공은 나야 나

중국에는 수없이 많은 돼지고기 요리가 있습니다. 하얼빈의 대표 요리인 궈바오러우鍋包肉는 돼지고기에 전분을 입힌 뒤 센 불에 두 번 튀겨내어 바삭한 식감을 냅니다. 새콤달콤한 맛에 남녀노소 모두가 즐기는 요리입니다. 앞서 말한 동파육 외에도 짙은 간장을 입혀 볶아낸 홍사오러우 역시 돼지고기 요리에서 빼놓을 수 없습니다. 상하이식, 후난식 등 지역에 따라 조리법이 약간씩 다르며 마오쩌둥이 생전에 가장 사랑했던 요리로 꼽힙니다. 돼지고기를 잘게 큐브 모양으로 썬 후 탁구공만 하게 뭉쳐 조리해낸 스쯔터우는 중식 요리의 식도법을 잘 표현한 요리이고요. 이외에도 위샹러우쓰, 징장러우쓰 등 돼지고기의 모양과 맛에 따라 수십 종류가 넘습니다.

어디 그뿐인가요? 족발이나 돼지 내장을 이용한 요리, 귀나 머릿고기를 이용한 조림, 돼지고기를 소금에 절여서 만든 라러우, 소시지, 화투이도 빼놓을 수 없습니다. 세상에서 돼지고기를

위샹러우쓰

궈바오러우

세상에서 돼지고기를 가장
조예 깊게 먹을 수 있는 사람을 꼽자면
단연 중국인들일 것입니다.

홍사오 스쯔터우

가장 조예 깊게 먹을 수 있는 사람을 꼽자면 단연 중국인들일 것입니다. 그러니 중국에서 돼지고기만 먹게 된다고 너무 아쉬워하지 마세요. 당신은 어디서나 맛보기 힘든 돼지고기 요리를 접하고 있는 거니까요.

동양의 슈퍼 푸드, 두부

슈퍼 푸드로 주목받는 두부는
'슈퍼 울트라 트랜스포머'라고 불려도
아깝지 않은 기특한 음식입니다.

동아시아 먹거리에서 빠질 수 없는 것 중 하나가 바로 두부입니다. 두부의 탄생지인 중국에는 다양한 두부 요리가 발달했습니다. 두부는 가공법에 따라 분류해도 백여 가지가 넘고, 두부가 들어가는 요리는 헤아릴 수 없이 많습니다. 슈퍼 푸드로 주목받는 두부는 '슈퍼 울트라 트랜스포머'라고 불려도 아깝지 않은 기특한 음식입니다.

두부의 탄생

중국 안후이성의 화이난은 두부의 고향으로 불립니다. 두부는 지금으로부터 2천 년 전 유안에 의해 발명되었다고 합니다. 한나라 고조 유방의 손자인 유안은 무제 시대에 화이난의 왕으로 봉해졌습니다. 그는 팔공산 일대에서 거처하며 불로장생의 금단을 만들기 위해 수년간 수련했으나 이를 이루지 못하고, 대신 우연히 두부를 만들어냈습니다. 그가 저술한 《만필술萬畢述》에는 최초의 두부 제조법이 기재되어 있습니다. 그래서 유안은 중국

허난성의
신미시에 위치한
두부 제조 과정을
담은 벽화

에서 '두부의 신'으로 추앙받고 있습니다. 화이난 팔공산에는 유안을 모신 궁전도 있을 정도고요.

유안이 두부의 시조가 맞는지에 대한 사실 여부는 단정하기 어렵습니다. 그런데 허난성의 신미시에 위치한, 1800년 전 동한 시기에 만들어진 것으로 추정되는 묘지에서 두부 제조 과정을 담은 벽화를 발견했습니다. 벽화에는 콩을 불리고, 갈고, 간수를 넣는 등 두부를 만드는 복잡한 과정이 담겨 있었습니다. 이러한 단서들을 종합해보면 두부는 적어도 한나라 때 만들어진 음식이 분명한 듯합니다.

화이난 지역에는 지지고 볶아내는 두부 요리가 무려 4백여 종에 달하는데 유안의 탄생 주기인 9월 말이면 '화이난 두부 문화 축제'가 성대히 펼쳐집니다. 이 축제에서는 백여덟 가지의 두부 요리가 시연되어 평생 맛볼 두부 요리를 한 번에 경험할 수 있습니다.

다양한
두부 제품들

두부는 송나라 때에 이르러서야 유행을 타게 됩니다. 된장, 간장을 비롯하여 콩 가공품들이 본격 백성들의 식탁에 오르기 시작할 때였지요. 값싸고 맛좋은 두부는 송나라 사람들의 사랑을 받게 되는 것은 물론, 이후에 한국과 일본에도 전해져 동아시아 문화에 없어서는 안 될 중요한 음식으로 자리매김합니다.

두부는 서양에서도 선풍적인 인기를 끌었습니다. 그전까지만 해도 중국 식당에서 파는 두부 요리에는 따로 설명을 붙여주어야 했습니다. 그런데 1980년대 들어서 두부가 자연스레 채식주의자들의 식단을 정복했지요. 여기에 비틀즈의 폴 매카트니가 결정적인 역할을 해주었다는 설도 있습니다.

식물성 단백질 두부

두부는 상대적으로 육식이 적은 동양인들에게 중요한 단백질 공급원이 되었습니다. 양질의 식물성 단백질인 두부는 성장, 발육, 체내의 대사 등 생명을 유지하는 데 없어서는 안 되는 필수 아미노산을 다량 함유하고 있습니다. 또 치아와 골격을 형성하는 기본 물질인 칼슘이 엄청나게 많으며 비타민B 복합체 및 비타민E가 풍부합니다.

우유와 달걀이 가공되지 않은 자연 상태에서 가장 완전한 식품이라면 두부는 가공식품 중 가장 완전한 식품이라 할 수 있지요. 두부는 소화 흡수율이 95퍼센트 이상으로 소화 기능이 떨어지는 환자나 어린이, 노약자에게도 매우 적합한 식품입니다.

중국 두부의 종류

난더우푸南豆腐 **vs 베이더우푸**北豆腐

수많은 중국 음식이 그러하듯, 두부 역시 남방의 두부와 북방의 두부로 나눕니다. 난더우푸, 베이더우푸라고 부르죠. 난더우푸는 제작 과정에서 황산칼슘을 응고제로 사용합니다. 때문에

난더우푸   베이더우푸   더우푸간

두부 속의 수분 함량이 90퍼센트에 달해 부드러운 식감을 줍니다. 베이더우푸는 간수를 사용하여 응고시키기 때문에 난더우푸보다 질감이 견고합니다. 수분 함량은 85퍼센트 정도이지만 콩 본연의 고소함이 더 많이 살아 있습니다. 모양이 잘 흐트러지지 않는 특성 때문에 볶음 요리에는 베이더우푸를, 탕 요리에는 부드러운 난더우푸를 선호합니다.

간더우푸乾豆腐 vs 더우푸간豆腐乾

말장난 같지만 중국에는 간더우푸도 있고 더우푸간도 있습니다. 두 개 모두 말린 두부이지만 모양과 질감은 전혀 다릅니다. 간더우푸는 부드러운 천에 콩물을 얇게 펴서 이불처럼 널찍한 면을 만들어 건조한 것입니다. 더우푸간은 두부를 얇게 저며 말린 것입니다. 둘 다 볶음, 절임 요리에 많이 쓰입니다.

유더우피油豆皮 vs 푸주腐竹

마라탕의 유행 덕분에 한국에서도 자주 보게 된 두부입니다. 유더우피는 두부를 만드는 과정에서, 콩물 위에 형성된 단백질 막을 긴 막대기로 살짝 거둬내 말린 것입니다. 종잇장처럼 얇지만 쫀득한 식감에 씹을수록 콩의 고소함이 치고 올라옵니다. 푸주는 유더우피와 비슷하지만 말릴 때 겹겹이 쌓아 스틱 형태로 말립니다. 꼬장꼬장한 푸주는 물에 불렸다가 부들부들해지면 요리에 넣습니다.

둥더우푸凍豆腐 vs 더우푸파오豆腐泡

둥더우푸는 얼린 두부를 말합니다. 두부는 얼리는 과정에서 내부의 기공이 확장돼 해면 조직처럼 되어 국물이 자박한 요리에 넣으면 스펀지처럼 맛을 잘 흡수합니다. 훠궈나 국물, 조림에 자주 넣어 먹습니다. 더우푸파오는 튀긴 두부입니다. 기름에 튀겨 빵빵하게 팽창된 모습으로 겉면은 바삭바삭하고 속은 촉촉합니다. 유부와 비슷한 질감으로 꼬치에 꽂아 구워 먹거나 속을 파서 각종 야채를 넣은 뒤 만두처럼 요리해 먹습니다.

더우푸나오豆腐腦 vs 더우화豆花

순두부 비슷한 질감의 나른한 두부입니다. 북방에서는 더우푸

오향 더우푸간

두부탕

얇게 썬
간더우푸

삭힌 두부

마파두부

나오, 남방에서는 더우화라고 부릅니다. 북방에서는 버섯, 채소를 넣어 걸쭉하게 만든 국물을 얹어 먹고 남방에서는 참기름, 파와 간장을 올린 뒤 섞어 먹습니다. 쓰촨의 더우화는 초당 두부와 비슷한 두부로 위에 고추기름, 두반장, 파 등을 얹어 먹습니다.

두부로 해 먹을 수 있는 요리는 무궁무진합니다. 차갑게 또는 뜨겁게, 지글지글 볶아서 또는 뽀얗게 끓여서, 기름에 튀기거나 지져도 맛있죠. 두부는 모든 조리법을 적용할 수 있고 어떤 식재료와도 어울리는 포용성을 지녔습니다.

마파두부는 세계 어디에서도 찾아볼 수 있는 월드 스타가 되었습니다. 원쓰더우푸는 스님이 수행용으로 두부를 머리카락처럼 얇게 썰어 만들었다는 경지 높은 요리입니다. 취두부는 청나라의 자희태후가 그 맛에 반해 어청방御靑方이라는 이름을 하사한 음식입니다. 동양과 서양, 귀족과 서민의 밥상에서 모두 주목받은 그 음식, 바로 두부입니다.

민물고기도 춤추게 하는
중국의 생선 요리

한국인들에게 민물고기는 낯선 식재료입니다.
중국인들은 어떤 민물고기를 선호하는지,
어떻게 조리해 먹는지 살펴보면 생각이 조금 바뀔지도 모릅니다.

◇◈◇

　상대적으로 바다 생선을 선호하는 한국인들에게 민물고기는 조금은 낯선 식재료입니다. 자칫 잘못 조리하면 비린내가 나 먹기 쉽지 않기 때문이지요. 해물이 풍부해 굳이 민물고기를 찾지 않기도 하고요. 그래서 왠지 먹음직스럽게 조리해 올려도 민물고기라고 하면 주춤하게 됩니다. 중국인들은 어떤 민물고기를 선호하는지, 어떻게 조리해 먹는지 살펴보면 생각이 조금 바뀔지도 모릅니다.

　민물고기는 중국에서 자주 먹는 식재료입니다. 대륙을 가로질러 바다에 이르는 양쯔강과 중화 문명을 품어 안은 황허, 모세혈관처럼 무수히 뻗어나간 지류들과 크고 작은 호수에는 수많은 민물고기들이 자라고 있습니다. 당연히 민물고기를 이용한 요리들 역시 발달되었습니다.

　중국인의 밥상에서 생선 요리는 중요한 의미를 지니고 있습니다. 새해 첫날은 물론 가족의 잔치, 국가의 연회석 모두에 생선 요리가 빠지지 않고 등장합니다. 중국에선 복을 기원하는 마음으로 "녠녠유위(해마다 풍요롭기를 바랍니다)"라는 인사를 주고받습니다. 한자 '남을 여餘'와 '물고기 어魚'의 발음이 '위'로 같아서 생선이 곧 풍요를 상징하기 때문이지요. 원탁에 모여앉으면 생선 머리와 꼬리가 가리키는 방향에 앉은 사람들이 먼저 건배 제의를 하며 분위기를 돋우기도 합니다.

중국에서 생선 요리를 먹을 때 반드시 지켜야 할 예절이 있습니다. 윗부분의 살점을 모두 먹었다고 생선을 함부로 뒤집어서는 안 됩니다. 생선은 배에 비유되는데, 생선을 뒤집는 행위가 배를 전복시키는 것 같아 불길하다고 여기기 때문입니다. 윗부분을 다 먹고 나면 뼈만 살짝 들어내거나 뼈 사이로 밑 부분의 살을 먹는 것이 좋습니다.

치열한 비즈니스 석상에서는 어떤 생선을 올리는지에 따라 상대방의 성의를 판단합니다. 비싸고 희귀한 생선을 올릴수록 대접받는다고 생각하지요. 조리법은 비슷비슷하지만 천 원대의 값싼 것부터 수백만 원을 호가하는 희귀 생선까지 종류가 다양하기 때문입니다. 일식집에서 도미를 먹느냐 참치를 먹느냐와 비슷한 맥락이랄까요. 생선 요리는 중국의 음식 문화에서 매우 상징적이라고 할 수 있겠습니다.

중국의 다양한 생선들

꾸이위鱖魚(쏘가리)

　양쯔강 하류에서 많이 자라는 쏘가리는 영양이 풍부하고 비린
내가 적으며 바다 생선처럼 감칠맛과 단맛이 납니다. 예로부터
많은 문인의 사랑을 받아 시구에도 자주 등장합니다. 복숭아꽃
이 피는 3월이면 살이 통통 오른다고 하여 상하이, 장쑤, 후난,
저장 지역에서 다양한 방식으로 조리해 먹습니다. 식초에 볶거

추천 메뉴
쑹수구이위
松鼠鱖魚

나 간장 조림, 튀김, 찜 등 여러 조리법에 모두 어울리는 생선입니다.

건륭제에게도 진상된 적 있다는 쑹수구이위는 가장 대표적인 쏘가리 요리입니다. 해석하자면 '다람쥐를 닮은 쏘가리 요리'라는 뜻입니다. 싱싱한 쏘가리 몸에 십자로 칼집을 낸 뒤 전분을 입혀 기름에 튀겨내면 쏘가리는 다람쥐 모양으로 둔갑합니다. 탕수육처럼 달콤새큼한 소스를 듬뿍 얹어내면 화려한 모양의 쑹수구이위가 완성됩니다.

융위鱅魚(대두어)

대두어는 머리가 크고 살집이 두툼하며 식감이 부드러운 생

추천 메뉴
둬자오위터우
剁椒魚头

259

선으로, 몸통은 버리고 머리만 조리해 먹습니다. 특히 아가미 밑에 두툼하게 깔려 있는 보송보송한 살점이 매력입니다. 송나라 때부터 양식을 시작하여 현재는 중국 전 수역에서 자랍니다.

대표적인 대두어 요리로 후난성의 뒤자오위터우剁椒魚頭를 들 수 있습니다. 후난식 고추절임을 이불 덮어주듯 생선 위에 올려 푹 쪄냅니다. 새콤하면서도 매운 생선찜이 나오면 먼저 입, 눈, 아가미 밑 부분의 살을 먹습니다. 자박하게 남겨진 국물에 면을 말아 먹으면 칼칼한 맛이 일품입니다.

루위鱸魚(농어)

농어는 고급 생선에 속합니다. 비린내가 적고 쪽마늘 모양으

추천 메뉴
칭정위
清蒸魚

로 예쁘게 자라난 살점은 고소한 맛을 띕니다. 옛말에 "7월 농어는 바라보기만 해도 약이 된다"고 했듯이 농어는 다른 어류보다 단백질 함량이 월등히 높아 대표적인 보양식으로 꼽힙니다. 농어는 어릴 때 담수를 좋아하여 연안이나 강 하구까지 거슬러 올라왔다가 다시 깊은 바다로 이동하기 때문에 바닷물고기로 구분되기도 합니다.

소금, 간장, 참기름 등 최소한의 양념으로 만드는 생선찜 요리 칭정위清烝魚는 생선의 신선도와 품질에 대한 요구가 높은 요리입니다. 불에 볶지도, 기름에 튀기지도 않고 스팀으로 생선을 익혀 파와 생강, 간장을 곁들여 먹습니다. 식재료 본연의 맛을 살리는 요리지요. 칭정위를 만들 때는 농어뿐만 아니라 더 고가의 희귀 생선을 쓰기도 합니다.

니엔위鯰魚(메기)

기다란 수염이 나 있는 메기는 한국에서도 매운탕으로 자주 먹는 민물고기입니다. 주로 강 중·하류의 돌 틈이나 바다 근처에서 삽니다. 뼈가 적고 살이 많아 선호도가 높은 생선입니다.

수이주위水煮魚는 충칭에서 시작되어 전국에 유행을 일으킨 맵고 얼얼한 맛의 생선 요리입니다. 기름 반 생선 반의 비주얼로, 건고추와 혀를 얼얼하게 하는 화자오를 듬뿍 넣어 침샘을 자극

추천 메뉴
수이주위
水煮魚

합니다. 부드러운 생선 살과 그릇 밑바닥에 깔아둔 콩나물 등의
야채를 함께 먹으면 금상첨화입니다. 수이주위는 주문할 때 선
호하는 생선을 고를 수 있는데, 보통 메기를 많이 먹습니다.

차오위草魚(초어)

중국 민물고기 중 생산량이 가장 많은 초어는 빨리 자라고 몸
집이 크며 가격도 저렴해 대중적으로 인기가 많습니다. 또 육질
이 부드럽고 지방층이 있어 고소한 맛이 납니다. 다만 잔뼈가 많
아 먹기 귀찮고 흙내가 나는 편이기에 강한 향신료를 곁들여 조
리합니다.

항저우에 가면 꼭 먹어봐야 할 메뉴로 시후추위西湖醋魚가 있습

추천 메뉴
시후추위
西湖醋魚

니다. 항저우의 호수 시후에서 자라는 초어에 식초와 설탕을 곁들여 조리한 요리입니다. 흙내를 제거하기 위해 이틀간 깨끗한 물에 두어 내장을 비워냅니다. 강한 조미료로 냄새는 덮고 부드러운 육질을 살려낸 요리입니다.

헤이위黑魚(가물치)

가물치는 살집이 두텁고 뼈가 적습니다. 등은 검은색을 띠고 몸집이 엄청나게 커 한눈에 알아볼 수 있습니다. 가물치는 기력 회복에 효과가 있어 피로 해소에 도움을 주고 여성의 산후 조리 보양식으로 많이 이용되었다고 합니다. 마라, 향라 등 향신료가 많이 들어가는 요리에 가물치를 쓰면 두툼한 살점이 국물의 맛

추천 메뉴
카오위
烤魚

을 가득 머금어 풍부한 맛을 살릴 수 있습니다.

카오위는 초벌구이를 한 생선을 넓적한 가마에 눕혀 다양한 토핑을 얹은 뒤 끓이는 요리로, 고객의 취향이 존중받는 친절한 요리입니다. 어떤 생선을 쓸지, 무슨 맛으로 할지, 토핑은 무엇을 넣을지 등을 선택할 수 있습니다. 여러 가지 생선 중 한 가지만 먹어야 한다면 푸짐하게 먹을 수 있는 가물치를 추천합니다.

리위 鯉魚 (잉어)

중국인들이 선호하는 담수어 중 식재료로 사용된 역사가 가장 긴 생선입니다. 잉어는 이익을 뜻하는 '이利' 자와 발음이 같아 좋은 기운을 대표하는 생선입니다. 신년이면 집 앞에 붙여두는, 잉어 모양이 그려진 '춘리엔春聯'이나 일본의 '코이노보리' 모두 좋은 기운을 가져온다고 하지요. 또 '잉어가 용문을 뛰어넘다鯉魚跳龍門'라는 속담은 역경이나 관문을 넘어 크게 출세한다는 뜻이 담겨 있죠. 등용문이라는 단어가 바로 여기에서 왔습니다.

추천 메뉴
더모리둔위
得莫利炖魚

잉어를 이용하여 만든 요리는 매우 다양합니다. 그중 하얼빈의 더모리둔위得莫利炖魚를 추천해봅니다. 잡아 올린 잉어를 당면, 두부와 함께 푹 쪄낸 요리인데, 조기 살처럼 쫀득한 살점을 국물에 살짝 찍어 먹으면 구수한 맛이 납니다. 생선을 다 먹고 나면 국물에 밥을 비벼 먹음으로써 푸짐한 한 끼 식사가 완성되지요.

지위鯽魚(붕어)

붕어는 중국의 대부분 수역에서 자라며 따뜻한 물을 좋아해

추천 메뉴
지위더우푸탕
鯽魚豆腐湯

강의 밑바닥에 서식합니다. 육질이 부드럽고 영양가가 높아 보양식으로 자주 먹습니다.

붕어를 이용한 요리에는 탕이 많습니다. 붕어는 오랫동안 끓이면 우유처럼 희고 고운 육수가 우러납니다. 거기에 두부와 파, 생강을 넣고 약한 불에서 뭉근하게 끓여내면 맛과 영양을 동시에 잡을 수 있는 붕어탕이 완성됩니다.

특히 중국에서는 산후 조리로 생선탕을 많이 해 먹는데 뽀얗게 우려낸 붕어탕은 산모가 원기를 회복하고 모유를 내는 데 이롭다고 믿습니다.

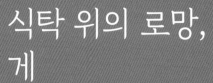

식탁 위의 로망,
게

호수, 강, 바다가 풍부한 중국에는
수많은 게 요리가 있습니다.
진정한 게 맛을 알기 위해 중국에 가보면 어떨까요?

◇◈◇

오미五味에는 단맛, 신맛, 짠맛, 쓴맛 그리고 감칠맛이 포함됩니다. 감칠맛은 1908년 일본의 이케다 키쿠나에 교수가 발견하여 제5의 맛으로 정해졌습니다. 달착지근하면서도 구수하고 부드러운 이 맛을 중국에서는 '샨웨이鮮味'라고 부릅니다.

'선鮮'이라는 한자를 살펴보면 '물고기 어魚'와 '양 양羊'이 합쳐진 글자임을 알 수 있습니다. 물고기와 양고기의 맛이 곧 감칠맛이라고 해석할 수 있겠습니다. 송나라 때부터 중국에서는 벌써 선미에 대해 언급했습니다. 송나라 임홍의 《산가청공山家淸供》에서는 죽순에 대해 "그 맛이 참으로 선鮮하다"고 표현했습니다. 명나라 때 이르러서는 명확한 맛의 개념으로 자리 잡았는데요. 간장에 대해서 "오랜 것일수록 더욱 선하다愈久愈鮮"고 표현했습니다.

선미를 띠는 식재료에는 육류, 생선, 다시마 등 여러 가지가 있습니다. 그중엔 중국인들이 오매불망 사랑하는 게도 포함됩니다. 전 세계에 6천여 종의 게가 있지만, 중국에서는 유독 민물게 따자셰를 사랑합니다. 따자셰는 장쑤 지역의 호수에서 나는 민물 게로 크기는 주먹만 하고 껍질이 두툼하며 푸른 등과 하얀 배, 금색의 집게와 노란 털을 가졌습니다.

최고의 감칠맛, 따자셰

중국인들은 게를 고를 때 호수에서 자라는 게를 최고로 치고, 강에서 자라는 것, 개울에서 자라는 것, 바다에서 자라는 것 순으로 귀하게 여깁니다. 청나라 소설가 이어는 《해보蟹譜》에서 "남방의 게는 산해진미를 모두 합한 것과 비교하여도 단연 으뜸이다知南方之蟹, 合山珍海错而較之, 當居第一"라고 평가했습니다.

따자셰는 음력 9월 10일부터 10월까지 40일가량의 기간에만 구할 수 있기 때문에 희소성을 띱니다. 제아무리 상어 지느러미나 제비집이 귀하다고 해도, 한철 반짝 등장해서 가슴에 불을 지펴놓는 따자셰에 비하면 매력이 떨어집니다. 중국 식재료 피라미드의 정점에는 단연 따자셰가 있는 셈이지요.

따자셰는 상하이, 장쑤, 저장 지역 사람들의 사랑을 독차지합니다. 특히 장쑤성 양청호에서 나는 것을 최고로 칩니다. 그러니 지리적으로 이곳 사람들이 먼저 얻을 수밖에 없습니다. 타 지역

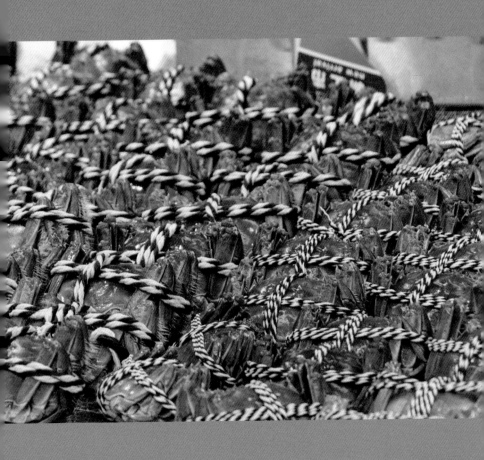

제아무리 상어 지느러미나 제비집이 귀하다고 해도,
한철 반짝 등장해서 가슴에 불을 지펴놓는
따자셰에 비하면 매력이 떨어집니다.
중국 식재료 피라미드의 정점에는 단연 따자셰가 있는 셈이지요.

에서는 소문만 무성하고 손을 써보기 전에 벌써 동이 나버리니까요. 음력 9월 10일부터 10월까지를 '셰추蟹秋', 즉 게가 나는 가을이라고 부르는데 이때가 되면 전국이 게 때문에 들썩입니다. 아이스박스에 담긴 게는 비행기나 차에 실려 분주하게 이동합니다. 발 빠른 사람들은 4월부터 산지에 주문을 넣고 기다리거나 아예 게 양식장을 사버리기도 합니다. 사정이 이렇다 보니 짝퉁 따자셰가 나타나는 경우도 있습니다.

게 맛을 아느냐?

따자셰는 9월에 산란기여서 암컷의 몸속에 알이 풍부하고, 10월에 암컷과 교미하기 위한 수컷이 신체를 최대한 발육시켜 살이 통통하게 오릅니다. 암컷이 품고 있는 알은 까끌까끌한 알갱이가 느껴지는 달걀 노른자 맛이 납니다. 수컷이 품고 있는 해고(게 기름)는 굳은 돼지기름처럼 허연데 살짝 구워낸 명란젓처럼 고소하고 단맛이 돕니다.

따자셰 조리법은 다양하나 진정한 '게 성애자'들은 들들 볶는 조리법 자체가 귀한 식재료에 대한 모독이라고 꼬집습니다. 따자셰를 요리하는 가장 좋은 방법은 단순하게 죽통에 얹어 찌는 것이라 봅니다. 그 어떤 조미료도, 조리법도, 식재료도 훌륭한 게 앞에서는 과유불급이라는 것이지요.

  감칠맛으로 똘똘 뭉친 게지만 먹기가 여간 귀찮은 게 아닙니다. 뚜껑을 열어 게장만 빼 먹고 나면 나머지는 어떻게 해야 할지 속수무책입니다. 맛을 제대로 아는 사람들은 손톱만큼의 낭비도 용납하지 않는데 이때 게를 우아하게 먹기 위한 전용 도구, '셰바지엔蟹八件'을 활용합니다. 앙증맞게 생겼는데 망치, 받침대, 집게, 도끼, 가위, 숟가락, 긁개, 침이 전부 들어 있습니다. 게를 가르고, 두드리고, 자르고 파기 위한 것이죠.

  게를 먹을 때에는 아무것도 곁들이지 않지만, 기호에 따라 생강채를 넣은 중국 식초에 살짝 적셔 먹기도 합니다. 식초는 비린내를 잡아주고 살균 작용을 하지요. 먼저 게딱지를 열어 모래집과 아가미를 제거하고 반으로 잘라 포실포실한 게살과 녹진한 알을 먹습니다. 마지막으로 찰진 다리 살을 쏙 빼서 먹고 국화찻물에 손을 헹구면 식사가 완료됩니다. 게는 음양의 조화를 위해 암수 한 세트로 먹으면 가장 좋다고 알려져 있으나, 성질이 차기 때문에 많이 먹는 것을 권하지 않습니다.

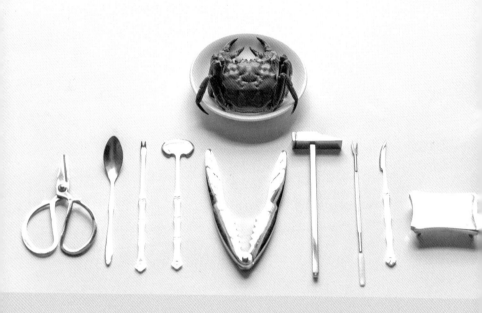

게를 우아하게
먹기 위한 전용 도구,
셰바지엔

다양한 게 요리들

한철 지나면 또 1년을 기다려야 하는 게의 녹진한 맛을 붙잡기 위해 사람들은 무던히도 노력해왔습니다. 그 결과 따자셰로 취게를 만들거나 투황유秃黃油라고 부르는 게기름을 만들어 보관하는 방법을 고안합니다.

취게를 만드는 법은 어렵지 않습니다. 황주에 설탕, 간장, 마늘, 파, 생강, 진피를 넣고 깨끗이 씻은 게와 함께 밀봉하여 숙성시킵니다. 일주일이 지나면 겉모습은 얼핏 간장게장과 비슷하지만 진한 알코올 향을 풍기는 취게가 완성됩니다. 취게는 생으로 먹기도 하고 볶아 먹기도 합니다.

투황유는 생강, 파를 볶다가 게의 살과 알, 황주를 넣고 돼지 비계와 함께 자작하게 볶아냅니다. 마지막으로 후춧가루를 뿌려 유리병에 응고시키면 완성됩니다. 노란 알이 비계에 입혀져 고소함이 배가 됩니다. 아주 평범한 요리도 투황유를 한 숟가락 넣어 볶으면 감칠맛이 폭증합니다. 이탈리안들이 1년 내내 트러플 맛을 즐기기 위해 트러플을 섞은 버터를 만드는 것과 비슷합니다. 한시적인 것을 붙잡아두고 싶어 하는 마음은 다 똑같나 봅니다.

게는 찜으로도 먹지만 만두, 볶음밥, 두부,

투황유

275

떡볶음, 완자 등 여러 가지 요리에 재료로 활용됩니다. 중국의 소롱포 전문점에 가면 어김없이 '셰펀바오蟹粉包'라고 하는 게살 소롱포가 있습니다. 돼지고기와 게살, 해황을 섞어서 소로 넣은 셰펀바오는 부드럽게 다루어야 합니다. 조심스럽게 집어 숟가락에 얹은 다음 살짝 물어 녹진한 엑기스만 모인 육즙을 후루룩 빨아들입니다. 그리고 게 맛이 응축된 만두를 먹으면 돼지고기와 게의 맛이 어울려 고소합니다.

또 게 요리 중에는 셰냥청蟹釀橙이라는 송나라 궁중 요리가 있습니다. 《산가청공》에 의하면 잘 익은 오렌지의 끝을 뚜껑처럼 베어내고 오렌지 과육을 퍼냅니다. 약간의 과즙을 남기고 거기에 게살을 차곡차곡 쌓아 넣습니다. 뚜껑을 다시 닫고 술, 식초를 섞은 물에 올려 찝니다. 은은한 술 향과 시큼한 식초 향, 오렌지의 향긋함, 게의 감칠맛이 더해져 최고의 요리로 꼽힙니다.

아찔한 향을 내뿜는 계수나무 아래에서 따뜻한 황주와 더불어 따자셰를 먹으며 추석에 뜬 보름달을 구경하는 것, 중국인들이 그리는 최고의 낭만입니다. 호수, 강, 바다가 풍부한 중국에는 수많은 게 요리가 있습니다. 진정한 게 맛을 알기 위해 중국에 가보면 어떨까요?

송나라 궁중 요리
셰냥청

알 유 오케이?

중국 마트의 달걀 코너에 비치된
알 종류는 세계 어느 나라보다 풍부합니다.
오늘 저녁, 새로운 알 요리에 도전해보는 건 어떨까요?

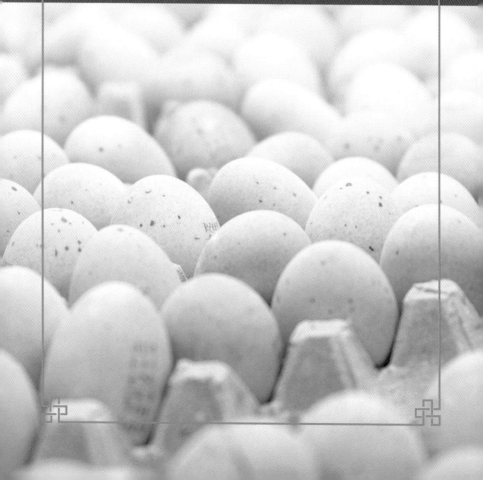

◇◈◇

중국 마트의 달걀 코너에 비치된 알 종류는 세계 어느 나라보다 풍부합니다. 알들은 마치 알 박물관의 전시품처럼 푸른색, 붉은색, 하얀색 등 다양한 색깔의 껍질과 천차만별의 포장을 입고 있습니다. 얼핏 보면 다 동그란 모양이지만 구매할 때에는 반드시 잘 살펴야 합니다. 평범한 달걀이나 오리알도 있지만, 소금에 절인 오리알, 시커멓게 숙성시킨 쑹화단松花蛋, 채 부화하지 않은 병아리가 숨어 있는 마오단毛蛋, 거위알, 메추리알, 타조알 등이 모두 나란히 있기 때문입니다. 달걀을 사러 갔다가 엉뚱한 것을 집어오면 무척 당황스러우니 주의해야겠지요? 지금부터 중국의 무수한 알들을 소개합니다.

아침 메뉴의 상징, 달걀

인류는 수천 년 전부터 가금류를 키웠는데, 대개 그 알을 얻기 위한 목적에서였습니다. 달걀은 영양을 고루 갖춘 완전 식품으로 단백질이 풍부하고 비타민 A, D, E, B2, 철분 등의 무기질도 들어 있는 훌륭한 영양 공급원입니다. 게다가 요리하기 무척 쉽습니다. 대부분의 사람들이 첫 번째로 배운 요리가 달걀프라이 또는 달걀볶음 아닐까요? 쉽게 얻을 수 있고 간단하게 해 먹을 수 있으며 삶거나, 굽거나, 볶거나 탕에 넣는 등 모든 조리법이 가능합니다. 전 세계 하루 달걀 소비량은 무려 25억 개에 달합니다.

  달걀은 무엇보다 아침 메뉴의 상징입니다. 아침 식사를 표현하는 모든 포스터에는 달걀프라이가 센터를 차지합니다. 최고급 호텔의 조식이나 길거리의 아침 식당 모두 메뉴에 달걀을 빼놓을 수 없습니다. 이렇게 보편적이고 자주 먹는 요리지만, 중국의 고급 식당에서는 유독 달걀이라고 쓴 요리 이름을 발견하기 어렵습니다. 중국어로 달걀을 지단鷄蛋이라 부르는데 '지'와 '단' 모두 욕설과 동음이라 우아한 요리에 붙이기 꺼려하기 때문입니다.
  한국에도 잘 알려진 토마토 달걀볶음의 또 다른 미명은 무시스쯔木犀柿子입니다. '무시'는 계수나무 꽃이라는 뜻으로, 노른자가 부서지게 볶은 모양이 흡사 노란 꽃잎 같아서 붙은 이름입니다. 무시스쯔 외에도 달걀과 돼지고기를 볶은 무시러우木犀肉, 달걀과 오이를 볶은 무시황과木犀黃瓜가 있습니다. 달걀 흰자만 들

중국 마트에 비치된
다양한 알

281

어간 요리는 하얀 부용화에 비유하여 이름을 짓기도 합니다. 달걀 흰자와 닭고기 편육을 볶은 요리는 푸룽지펜芙蓉鷄片이라고 부릅니다.

중국 북방에는 앞에서 소개한 지단관빙이란 리어카 조식 메뉴가 대표적입니다. 이름 그대로 달걀을 넣어 부친 전병입니다. 이 평범한 요리는 톈진시의 3대 음식 중 하나로 꼽힙니다. 녹두 가루 반죽을 한 국자 떠서 달궈진 철판에 올려서 부칩니다. 그리고 그 위로 무심히 달걀 하나를 툭 터뜨려 둘러줍니다. 반죽과 달걀이 하나가 되는 순간, 그 위에 첨면장과 고추기름 등 양념장을 펴 바르고 파와 고수를 얹어 이불 덮듯이 포개면 따끈한 지단관빙이 완성됩니다. 한 입 먹으면 고소한 녹두 향과 달걀의 풍미, 양념장의 맛이 어우러져 웅크리고 있던 시장기를 가시게 해주고 푸짐하게 하루를 여는 음식입니다.

이외에도 달걀이 들어가는 요리는 수도 없이 많습니다. 산둥 요리 중 싸이팡셰賽螃蟹(게와 맛을 견준다는 뜻)라는 요리가 있습니다. 얼핏 보면 게 요리 같지만 사실은 달걀볶음입니다. 달걀 흰자와 노른자를 분리해서 흰자에는 다진 생선, 가리비, 생강 등을 넣고 볶습니다. 달걀 흰자는 순간 바다의 맛을 한껏 품으며 감칠맛이 돕니다. 노른자는 따로 보들보들하게 볶아 노랗게 익은 게 알의 모습을 연출합니다. 뜨거운 김이 피어오르는 이 요리는 이름처럼 게 요리에 견주어도 지지 않을 만큼 맛과 비주얼 모두 갖추었습니다.

남방 지역의 명절 음식에는 지단 자오쯔가 유명합니다. 작은 국자에 달걀물로 모양으로 잡은 뒤 소를 얹고 양 끝을 살짝 포개 덮으면 지단 자오쯔가 만들어집니다. 노란색을 띠는 지단 자오쯔는 그 모양이 옛날 돈인 원보와 비슷하게 생겨 재물을 부른다 여겨집니다. 후이저우의 유명 요리 이핀궈—品鍋에 꼭 넣어 먹습니다.

마오단이라고 부르는 달걀은 껍데기를 살짝 깨보면 안에 부화를 시작한 지 14일에서 21일 된 병아리가 숨어 있습니다. 이 끔찍하고 흉물스러운 알을 도대체 어떻게 먹는 걸까요? 마오단은 튀겨서 먹거나 기름에 볶아서 먹습니다. 가끔 야시장에서 마오단을 꼬챙이에 여러 개 꽂아 지지듯이 볶는 모습을 볼 수 있습니다. 중국에서는 어린 닭일수록 영양가가 높다고 여겨 즐겨 먹습니다. 한국에서 미성숙한 영계일수록 원기 회복에 좋다고 여기는 것과 비슷합니다.

달걀 못지 않은 인기, 오리알

달걀 못지않게 중국에서는 오리
알을 자주 사용합니다. 남방 지역에서
는 면을 반죽할 때 물 대신 오리알을 풀어
사용하는데 이렇게 뽑은 국수가 에그 누들입니
다. 광둥 지역의 원툰몐이 에그 누들로 만듭니다. 오리알 반죽으
로 만든 면은 식감이 꼬들꼬들하고 쉽게 붙지 않아 탱탱한 식감
을 오래 유지할 수 있습니다.

오리알 요리의 대표 주자는 소금에 절인 셴야단咸鴨蛋입니다.
겉보기에는 평범한 오리알이지만 반으로 잘라보면 흰자는 치밀
하게 응고된 모양이고 노른자는 기름이 동동 뜰 정도로 노랗게
익어 있습니다. 옛날에 다 먹지 못한 오리알을 보관하기 위해 소
금에 절였던 것에서부터 시작된 음식입니다. 진흙에 소금, 바닷
물을 섞어 묽게 만든 다음 신선한 오리알에 골고루 발라둡니다.
진흙을 입은 상태에서 약 22일간 발효를 거친 뒤 5시간 정도 고
온에서 끓여내면 절임 오리알이 탄생합니다.

절임 오리알의 흰자는 혀가 부르르 떨릴 정도로 짠맛이 나지
만 노른자는 제철 게장처럼 고소하고 녹진합니다. 절인 오리알
의 노른자를 단황蛋黃이라 부르는데, 감칠맛이 최고조에 달해 다

양한 요리에 조미료처럼 사용됩니다. 단황은 쫑쯔나 월병과 같은 음식에 소로 넣어 먹기도 하고요. 황금빛 단황을 곱게 가루 내면 치즈 같은 질감이 나는데 이를 두부나 호박 요리에 함께 볶아 색을 내고 고소한 맛을 더합니다.

오리알로 만든 음식 중 진흙과 석회를 입혀 숙성시킨 쑹화단도 있습니다. 쑹화단의 흰자는 검은색을 띠는 탱글탱글한 젤리 모양이고 노른자 부위는 회색의 흐물흐물한 잼 같습니다. 강한 암모니아 향이 톡 쏘아 역하지만 독특한 감칠맛 때문에 마니아는 자주 찾습니다. 두부와 곁들여 차갑게 먹기도 하고 죽에 넣어 끓여 먹기도 하며 쑹화단으로 만든 소시지도 있습니다.

그 외의 알들

메추리알도 중국인들이 자주 먹는 알류입니다. 메추리는 워낙 영양소가 풍부하여 중국에서는 '동물 중의 인삼'으로 불립니다. 불도장이나 전가복과 같은 보양식에 자주 들어가며 특히 목이버섯과 함께 끓여 먹으면 폐와 위에 좋다고 알려져 있습니다. 한입에 먹기 좋은 메추리알은 여러 볶음 요리와 찜 요리에 넣어 먹습니다. 상하이 지역에서는 홍사오러우에 메추리알을 함께 넣어

절인 오리알 노른자를
소로 넣은 쭝쯔

삭힌 오리알,
쏭화단

볶아 먹기도 합니다. 그 밖에 거위알, 비둘기알, 타조알 역시 마트에 가면 쉽게 살 수 있는 익숙한 식재료입니다. 친숙한 듯하면서도 다양한 알 요리의 세계. 오늘 저녁, 새로운 알 요리에 도전해보는 건 어떨까요?

영웅호걸의 잔에 담긴 전통주,
황주

당나라의 시인 이백은 노래했습니다.
"옥배를 가득 채운 호박빛 술에 취해 어디가 타향인지 모른다"
맑은 호박빛을 띤 술, 바로 황주입니다.

황주는 세계에서 가장 오래된 술이자 중국을 대표하는 전통주입니다. 지금은 백주가 중국을 대표하는 술이 되었지만, 증류 기술이 전해지기 전 중국에서는 수천 년 동안 발효주를 마셨습니다. 당나라의 시인 이백은 〈객중행客中行〉이라는 시에서 "옥배를 가득 채운 호박빛 술에 취해 어디가 타향인지 모른다"고 노래했습니다. 맑은 호박빛을 띤 술, 바로 황주입니다.

　　황주는 백주보다 마시기 편하며 입안을 향긋하게 씻어주고 몸을 따뜻하게 데워주는 등 장점이 많은 술입니다. 옅은 과일 향이 감미로운 이 술은 숙성 기간이 길어질수록 알코올 도수가 올라가며 잡내가 사라져, 오래 숙성시킬수록 고급으로 칩니다. 도수가 13도에서 20도에 달하는 황주에는 21종의 아미노산이 함유되어 있습니다. 이는 맥주의 5~10배, 와인의 1.3배라고 합니다.

　　황주는 쌀과 밀, 그리고 밀기울을 누룩으로 씁니다. 중국 전역에서 빚어 마시는 황주는 지방마다 재료가 달라 남방에서는 찹쌀로, 북방에서는 기장으로, 중부지역에서는 쌀로, 푸젠 지역에서는 홍곡으로 빚습니다. 수많은 황주 중 으뜸은 단연 사오싱紹興 황주입니다.

사오싱시에서 황주를 빚을 때는 "술에서 쌀은 살이요, 누룩은 뼈, 물은 피와 같다"라는 말이 있을 정도로 원료에 대한 고집이 강합니다. 사오싱 출신 작가 루쉰의 작품에는 사오싱의 황주가 자주 등장합니다. 〈콰이지산会稽山〉〈구웨룽산古越龍山〉〈타파이塔牌〉 등 알만한 황주 브랜드 모두가 사오싱산입니다.

당 함량에 따라 나누는 황주의 유형

와인과 마찬가지로 황주는 당분의 함량에 따라 드라이, 세미 드라이, 세미 스위트, 스위트로 종류를 나눕니다. 중국어로 표현 하자면 각각 위안훙元紅, 자판加飯, 산냥善釀, 샹쉐香雪라고 부릅니다. 황주마다 알코올 도수와 양조 과정이 달라서 음식에 따라 궁합이 맞게 선택해 마시면 좋습니다.

드라이 황주 중에서는 사오싱 위안훙주元紅酒가 가장 대표적입니다. 황주의 기준으로 꼽히는 이 술은, 술을 옹기에 담은 후 옹기 벽에 붉은색을 칠했다고 하여 위안훙元紅이라고 부릅니다. 위안훙주는 발효 과정을 거치면서 당분이 남지 않습니다. 술의 빛깔은 맑고 투명한 오렌지색으로, 알코올 도수는 15~16도 사이

고 맛이 가벼워 야채류, 해물류, 게와 함께 먹으면 좋습니다.

자판주加飯酒는 시중에서 가장 쉽게 볼 수 있는 황주입니다. 알코올 도수가 16~18도 사이로, 술을 빚을 때 위안홍주에 비해 쌀밥을 더 많이 추가하고 물의 양을 줄였다 하여 자판주(가반주)라 부릅니다. 자판주의 양조 주기는 약 3개월로 당 함량이 높고 맛이 부드럽습니다. 고기류, 게와 함께 마시기를 추천합니다.

황주의 슈퍼스타인 화댜오주花雕酒가 바로 자판주에 속합니다. 예쁜 꽃무늬가 새겨진 단지에 술을 담았다 하여 화댜오花雕라 이름 붙였습니다. 무협지에 자주 등장하는 누얼훙女兒紅, 좡위안훙壯元紅 역시 모두 화댜오주입니다.

사오싱 지역에서는 딸이 태어나면 화댜오주 한 단지를 땅에 묻었다가 딸이 시집갈 때 꺼내 지인들을 대접하는데, 그래서 누얼훙(여아홍)이라고 부릅니다. 반대로 아들이 태어나면 똑같이 화댜오주 한 단지를 땅에 묻으며 훗날 아이가 장원 급제하기를 바랍니다. 이 술은 좡위안훙(장원홍)이라 부르며 실제로 남자아이가 장성하여 장가를 갈 때 꺼내 마십니다. 누얼훙, 좡위안훙 모두 10년 이상 숙성된 귀한 황주인 셈이지요.

산냥주善釀酒는 세미 스위트 황주입니다. 양조 과정에서 물 대신 오래 묵힌 위안훙주를 씁니다. 술을 이용하여 술을 빚기 때문에 당 함량이 훨씬 높습니다. 산냥주는 향이 깊고 맛이 달콤합니다. 야채, 육류에 모두 어울리며 특히 닭고기, 오리 등 가금류 요리와 함께 마십니다. 황주 중 태조太雕라는 종류도 있는데 이는 양질의 자판주와 산냥주를 섞어 만든 것입니다.

샹쉐주香雪酒는 50도 이상의 증류주를 섞어 만든 황주입니다. 양조 과정에서 누룩을 쓰지 않아 술지게미의 색이 눈처럼 희다 하여 샹쉐香雪라 부릅니다. 단맛이 강하며 알코올 도수가 20도 이상입니다.

유형	당 함량(/리터)	알코올 도수	주종
드라이	15그램 이하	15~16도	위안훙주(元紅酒)
세미 드라이	15~40그램	16~18도	자판주(加飯酒)
세미 스위트	40~100그램	13~16.5도	산냥주(善釀酒)
스위트	100그램 이상	20도 이상	샹쉐주(香雪酒)

황주를 살 때는 보통 생산 연도에 따라 고릅니다. 황주는 3년산, 5년산, 8년산, 12년산으로 나누는데 오래된 술일수록 입안에 착 감기는 부드러운 맛을 띱니다. 그러나 오래된 술일수록 좋다고 여겨 집에 오래 두고 마시면 안됩니다. '오래된 술'이라 함은 술 저장고에 보관해둔 옹기 속에 저장된 시간을 말합니다. 황

주는 술병에 담겨 출시되면서 외부 환경에 의해 조금씩 변질되기 때문에 미개봉 상태에서 12개월, 길어도 5년을 넘기면 안 됩니다. 보관을 제대로 하지 못하면 아무리 좋은 황주도 시큼한 식초가 되어버리고 맙니다.

황주의 제조 과정

황주의 제조 과정을 살펴보겠습니다. 먼저 쌀은 깨끗이 씻어 잡물을 제거하는데, 이 과정을 '침미'라고 합니다. 기온이 낮은 계절에는 실외에서 차가운 물에 오래도록 불립니다. 침미가 끝날 때 즈음이면 쌀은 일정한 산도를 띠게 됩니다.

다음은 '증반', 쌀을 끓입니다. 산도가 있는 물인 '장수漿水'와 맑은 물을 일정한 비례로 맞추어 사용합니다. 증반 과정에서 쌀 속의 생 전분은 점점 익어가면서 숙 전분으로 전환됩니다. 이후 밥, 물, 누룩, 효모를 잘 섞어 항아리에 담는 '낙항' 과정을 거칩니다. 실내에서 고온 발효를 거친 뒤 다시 저온 숙성시킵니다.

발효된 주배*에서 청주를 여과해내고, 여과된 술을 항아리에

거르지 않은 탁주.

담아 불필요한 잔여물을 걸러내고 다시 고온 살균합니다. 마지막으로 술을 항아리에 담아 진흙을 바른 연잎으로 입구를 봉인한 뒤 바람이 잘 드는 서늘한 곳에 두어 숙성시킵니다. 5년 이상 숙성을 거쳐야 비로소 진정한 황주라고 부를 수 있습니다.

요리에도 널리 쓰이는 황주

황주는 술로도 마시지만, 음식을 조리할 때에도 널리 이용합니다. 동파육이나 불도장과 같은 요리는 모두 물 대신 황주를 듬뿍 넣어 끓입니다. 황주는 식재료의 잡내를 없애고 단맛을 더해 줍니다. 질감이 탄탄한 식재료를 삶거나 찔 때 더 효과적이지요. 이름에 '취醉' 또는 '조糟' 자가 들어간 요리는 기본적으로 황주를 넣어 조리한 것입니다.

특히 저장 요리에는 황주에 식재료를 담가 숙성시켜 조리하는 음식이 매우 많습니다. 술에 담근 식재료는 쉽게 변질되지 않고 오래도록 보관할 수 있기 때문입니다. 게나 새우 등을 황주에 담그면 술 안의 성분과 반응하여 깊은 맛과 향을 입게 됩니다.

그 밖에 황주를 담그고 난 술지게미 지우냥酒釀도 요리에 넣어

맛을 냅니다. 식혜 비슷한 술지게미는 은은한 알코올 향과 더불어 달짝지근한 맛을 띕니다. 생선 요리나 완자 요리를 할 때 한 숟가락씩 넣으면 잡냄새를 제거해주고 은은한 향이 감돕니다. 이렇게 보면 황주는 무엇 하나 버릴 것이 없는 귀한 술임에 틀림없습니다.

2018년 기준 중국의 주류 소비액은 연간 1조 위안에 달하지만, 황주는 고작 200억 위안을 차지할 만큼 인기가 떨어지고 있습니다. 에비앙 물 한 병이 3년산 황주보다 더 비싼 것이 중국 황주 업계가 마주한 현실이지요. 이에 따라 전통주에 대한 보호와 연구, 발전이 과제로 떠오르며 황주의 가치 향상에 힘을 쏟고 있습니다. 새로운 것은 때로 전통에서 나오는 법. 한때 중국 술의 대표 주자였던 황주를 이용해서 새로운 음식과 식문화가 자리잡기를 기대해봅니다.

외래산 고추와 토종 화자오의 공조,
마라

마라는 칼칼한 맛을 내는 고추와
얼얼한 맛을 내는 화자오의 조합입니다.
고추와 화자오는 오랜 시간을 거슬러 지구 반 바퀴를 돌아
운명처럼 세기의 맛, 마라를 탄생시켰습니다.

◇◈◇

'중국의 매운맛' 하면 가장 먼저 떠오르는 이미지가 바로 마라麻辣입니다. 마라는 칼칼한 맛을 내는 고추와 얼얼한 맛을 내는 화자오의 조합입니다. 고추는 4백 년 전 중국에 전해진 외래 식물이고 화자오는 수천 년간 중국에서 매운맛을 담당하던 토종입니다. 고추가 등장하기 전 오랜 세월 동안 중국 사람들은 화자오, 수유, 생강으로 매운맛을 냈습니다. 고추와 화자오는 오랜 시간을 거슬러 지구 반 바퀴를 돌아 운명처럼 세기의 맛, 마라를 탄생시켰습니다.

토종 매운맛, 화자오

한국에서 흔히 산초라고 불리는 화자오는 혀를 마비시킬 정도로 맵고 얼얼한데, 칼칼한 캡사이신의 매운맛과는 사뭇 다릅니다. 이 얼얼함은 화자오에 들어 있는 '하이드록시 알파 산쇼올 Hydroxy alpha sanshool'이라는 성분에서 비롯됩니다.

화자오에 들어 있는 오일과 알칼로이드 성분은 풍미를 더해

줄 뿐만 아니라 미생물의 성장을 막아 고기를 오래도록 보존할 수 있게 했습니다. 냉장 기술이 발달하기 전 사람들은 소금과 화자오를 이용하여 고기를 절였지요.

얼얼한 매운맛을 띠는 화자오는 고추가 등장하기 이전까지 매우 중요한 향신료였습니다. 한나라 때 후궁의 궁녀들은 화자오를 진흙에 섞어 벽에 발라 벌레를 쫓았습니다. 상나라 때는 선조에게 제를 지내는 신물로 간주했지요. 또 씨가 유난히 많아 황제의 후손이 번성하기를 바라는 상서로운 식물로 꼽혔습니다. 그런 이유로 왕비가 거처하는 방을 '초방椒房'이라 불렀습니다. 당시 쓰촨 한위안에서 나는 화자오는 으뜸으로 꼽혀 황실에 조공되기도 했고, 사적으로 사용할 경우 엄벌을 내렸습니다. 지금도 화자오는 한위안산을 최고로 칩니다.

사면이 높은 산으로 둘러싸인 쓰촨은 연중 내내 날씨가 습하고 해 뜨는 날이 드물어, 어쩌다 맑은 날이면 개들이 깜짝 놀라 멍멍 짖어댄다고 하여 '촉견폐일蜀犬吠日'이라는 말이 있을 정도입니다. 습한 기후에서 살아남기 위해 사람들은 화자오나 생강 등의 매운맛으로 몸 안의 습기를 배출했습니다. 2천 년 전 진나라의 《화양국지華陽國志》에도 "촉나라 사람들은 매운맛을 즐긴다"는 기록이 있습니다. 여기서 말하는 매운맛의 주인공은 물론 화자오겠지요.

이렇게 중국에서 큰 사랑을 받던 화자오는 아쉽게도 한동안 자취를 감추게 됩니다. 몽골 사람들이 중원을 장악한 후 육식, 매운맛, 정신을 혼미하게 하는 자극적인 음식들을 모두 금지했기 때문입니다. 화자오의 인기는 한풀 꺾였지만, 중원에서 한참 떨어져 있는 쓰촨에서 몰래 먹는 향신료로 그 맥을 이어왔습니다.

바다를 건너 등장한 매운맛, 고추

16세기 말, 고추는 유럽 사람들에 의해 중국에 전해졌습니다. 화자오와 비슷한 매운맛을 낸다고 하여 라자오辣椒, 또는 바다를 건너왔다 하여 하이자오海椒라고 불렀습니다.

고추는 예쁜 외관 때문에 상당 시간 동안 관상용 화분으로 길러졌습니다. 중국에서 최초로 고추에 대해 언급한 문헌은 1591년 고련이 쓴 《준생팔전遵生八箋》입니다. "판자오番椒는 무리를 지어 자라며, 꽃이 희고 과실의 끝이 뾰족하다. 맛은 맵고 색이 붉어 보기 좋다"고 기록되어 있습니다. 먹거리가 풍부한 항저우, 쑤저우 사람들은 그저 그 모습이 아름답다고만 여겼습니다. 명나라 때 곤극 〈목단정牡丹亭〉을 살펴보면 고추를 고추꽃이라 부

르며 그 아름다움을 노래하는 구절이 나오기도 합니다.

고추는 청나라 강희제 시기가 되어서야 비로소 식탁에 오르게 됩니다. 특히 쓰촨, 구이저우, 윈난, 후난 등 먹거리가 상대적으로 결핍한 지역에서 빛을 발합니다. 구이저우 사람은 소금을 대체하기 위해, 쓰촨 사람들은 습한 환경에서 살아남기 위해 이 외래 식물을 먹기 시작합니다. 고추는 점차 캡사이신의 매력으로 그들의 입맛을 정복합니다.

'쓰촨 요리'하면 매운 음식이 떠오르지만, 고급 연회석 요리에서는 매운맛을 덜어내는 게 일반적입니다. 맵고 얼얼한 맛으로 혀가 마비되면 다른 요리의 맛을 제대로 즐길 수 없을 뿐만 아니라 너무 매운 음식은 품위가 떨어진다고 여겼기 때문입니다.

그러니 고추는 선풍적인 인기를 끌었음에도 결국 서민들의 음식이었습니다. 귀족들은 오히려 매운맛을 경계했습니다. 외래에서 온 자극적인 음식을 먹는다는 것은 체통에 맞지 않는 일이라고 생각했으니까요.

허나 이 매력을 쉽게 거절하기는 어려웠습니다. 청나라 대신이자 문학가인 증국번은 후난 사람인데 《청패류초清稗類鈔》의 기록에 의하면, 그는 매운맛을 매우 즐겨 관저에서 식사할 때 항상 고추를 먹었다고 합니다. 그러나 공식 석상이나 집에서 연회를 베풀 때는 절대 고추를 먹은 적이 없습니다. 그는 스스로 매운 고추를 즐겨 먹는 것에 대해 부끄러워했을지도 모릅니다. 귀족들은 항상 서민의 삶과 보이지 않는 선을 그으려 했고 그 경계선에는 고추가 있었습니다.

매운맛 대잔치

중국은 고추의 세계 최대 산지 중 하나인만큼, 매우 다양한 고추를 재배하고 있습니다. 등불처럼 동그랗게 생긴 덩롱자오燈籠椒, 하늘을 향해 곧게 자라는 차오톈자오朝天椒, 고추기름을 낼 때 쓰는 얼진탸오, 절임용으로 쓰는 샨자오線椒 등 수백 가지가 넘습니다.

이 수백 가지가 넘는 고추를 요리에 따라 까다롭게 선택합니다. 일반적인 볶음 요리에 넣거나 두반장을 담글 때는 얼진탸오, 강한 매운맛을 낼 때에는 샤오미라小米辣나 치싱자오七星椒, 고추기름을 낼 때는 덩롱자오, 매운 절임류에는 구이저우자오貴州椒 등으로요. 수많은 고추가 한국에서 그저 '중국산 고추'라는 이름으로 뭉뚱그려 폄하되는 것이 안타깝다는 생각이 종종 듭니다.

고추 활용의 끝판왕은 아무래도 쓰촨에서 찾아야 할듯싶습니다. 쓰촨의 매운맛은 다양한 스펙트럼을 지니니까요. 고추기름

마라의 본고장,
충칭의 미식 거리 훙야둥

쓰촨의 골목길

을 듬뿍 넣어 맛을 낸 홍유부터 생선 향이 나는 위상魚香, 양귀비
가 사랑한 과일 리치처럼 달콤하게 매운 리지荔枝, 얼얼한 매운
맛 마라, 시큼하게 매운맛의 쏸라酸辣, 마늘을 넣어 향을 낸 쏸샹
蒜香, 약초 맛이 강한 천피陳皮 등 그 종류만도 수십 가지입니다.
매운맛이라는 것이 단순히 맛 중 하나, 입안의 통증이 아니라
얼마나 다양하게 표현되는지 쓰촨에 가면 느껴볼 수 있습니다.

마라의 대유행

강하고 자극적인 마라의 맛은 여러 식재료와 섞여 중독성 깊
은 맛을 표현했고 중국 전역을 뜨겁게 강타하였습니다. 상하이,
광저우 등 매운맛을 기피하는 동네에서조차 간판들이 벌겋게
달아오르기 시작했습니다. 마라탕, 마라룽샤, 훠궈 등 중국인들
에게만 익숙했던 마라 음식들은 한국에서도 인기를 끌고 있습
니다.

이런 현상은 한국에서만 있는 것이 아닙니다. 미국에서는 마
라 기름을 섞은 아이스크림이 나오는가 하면 초콜릿 브랜드 〈스
니커즈〉는 마라 맛 초콜릿을 출시하기도 했습니다. 매운 것을 즐
기는 태국에서도 마라 맛 훠궈 소스가 불티나게 팔리고 있고 현

지인들이 사는 동네에까지 쓰촨 요리 레스토랑들이 생겨났다고 합니다. 구글과 위키피디아에서 검색해보면 마라Mala는 이미 중국식 매운맛으로 규정되어 있습니다. 이렇게 마라는 조용히 세계를 물들이고 있습니다.

중국식 절임 고기,
라러우

된장, 김치가 한국 밥상의 주연이듯이,
중국의 남방 지역에는 라러우라고 부르는
훈제 돼지고기가 있습니다.

발효와 숙성을 거친 음식은 내면의 힘을 가지고 있습니다. 된장, 김치가 한국인 밥상의 주연이듯이, 중국의 남방 지역에는 라러우臘肉라고 부르는 훈제 돼지고기가 있습니다. 2천 년이 넘는 역사를 지닌 라러우는 서양의 베이컨과 비슷하여 어떤 밥상에 올려도 기죽지 않고 끊임없이 수저를 유혹합니다. 라러우는 소금과 고기로 만든 하나의 혁신이자 바람과 햇살이 고스란히 담긴, 여기에 시간의 향까지 어우러진 음식입니다.

일찍이 공자는 "말린 고기 한 묶음의 예를 행하면 나는 가르침을 주지 않은 적이 없다"고 말했습니다. 교육비로 받은 말린 고기 한 묶음이 바로 라러우입니다.

'라臘'는 섣달을 이르는 말입니다. 즉 섣달에 만드는 훈제 고기라는 뜻이지요. 동지섣달이면 남방 지역에서는 돼지고기를 절이기 시작합니다. 우리의 김장과 비슷하지요. 라러우는 설날 밥상에 빠질 수 없는 음식이자 고향의 풍경이고 어머니의 손맛입니다.

라러우를 넣어 만든 요리들

라러우는 긴 겨울 동안 지방과 단백질을 보충해주는 중요한 식재료가 됩니다. 큐브 모양으로 잘게 썰어 죽에 넣어도 좋고, 밥 위에 얹어 쪄 먹기도 합니다. 야채와 함께 볶아 먹기도 하고 국에 넣으면 풍미를 더해주지요. 하얀 쌀밥에 라러우 몇 조각만 있으면 입가에 기름이 번지르르하도록 풍족한 한 끼 식사를 할 수 있습니다.

만들 때는 돼지고기 뒷다리살 또는 삼겹살을 씁니다. 라러우에 사용되는 돼지는 산간에 풀어 기른 것을 최고로 치는데, 풀어 기른 돼지는 육질이 치밀하고 비계 층이 적당하기 때문입니다. 라러우의 맛은 비계가 핵심입니다. 손가락 세 마디 두께의 비계가 두툼하게 깔려줘야 비로소 라러우라고 할 수 있지요.

고기는 손바닥 너비만큼의 폭으로 길게 잘라 깨끗이 씻어두고 소금을 준비합니다. 팔각, 화자오, 계피, 진피 등 향신료를 볶아 곱게 가루를 낸 뒤 향신료 가루와 소금을 섞어 다시 한번 약한 불에 볶습니다.

그 다음은 고기에 염장할 차례입니다. 소금과 향신료를 골고루 바른 고기는 커다란 대야에 가지런히 담아 숙성시킵니다. 고기는 서서히 비린내를 버리고 소금과 향신료에 젖어 듭니다. 약 10일 정도 숙성시키면 이제 훈제할 준비가 되었습니다.

훈제할 때는 측백나무 가지를 사용합니다. 더러는 귤껍질이나 사탕수수, 찻잎을 함께 태우기도 하지요. 훈제는 고된 과정입니다. 불을 살펴야 하고 끊임없이 장작을 보태야 하니까요. 세상의 맛은 이렇게 누군가의 수고에서 비롯됩니다. 훈제를 마친 돼지고기는 바람이 잘 드는 곳에 걸어두어 그리운 사람이 오기만을 기다립니다.

소금, 불, 바람 그리고 시간의 은혜를 듬뿍 받으며 만들어진 라러우는 비계 부위가 투명하게 빛나고 살코기는 쫀득쫀득합니다. 여러 향신료를 함께 넣어 숙성시켰기에 풍미가 남다르지요.

중국 각 지역의 절임육

라러우는 크게 쓰촨식, 광둥식, 후난식으로 나눕니다. 쓰촨식은 고기를 절이는 과정에서 화자오와 고추를 많이 넣어 맵고 얼얼한 맛이 납니다. 쓰촨에서는 돼지고기뿐만 아니라 오리고기, 닭고기, 생선 등 다양한 것을 절여서 먹습니다. 후난식은 쓰촨식과 비슷하지만, 훈연향이 더 강하고 적당히 매운맛이 납니다. 광

소금, 불, 바람 그리고
시간의 은혜를 듬뿍 받으며 만들어진 라러우는
비계 부위가 투명하게 빛나고
살코기는 쫀득쫀득합니다.

둥식은 고기를 절이는 과정에서 소금 대신 간장을 쓰기 때문에 단맛이 납니다. 당, 송 시기 아랍, 인도 사람들의 소시지 기술이 전파되어 길쭉한 소시지 모양의 라러우가 많습니다. 소시지 모양으로 잘 절인 라러우를 쓱쓱 썰어서 밥 위에 얹어 찌면 유명한 바오짜이판煲仔饭이 됩니다.

라러우와는 결이 좀 다르지만, 저장성 진화시에서 나는 진화휘투이金華火腿는 돼지고기 뒷다리를 소금에 절여 훈제 과정은 생략하고 바람에 말린 음식입니다. 마르코 폴로의 《동방견문록》에도 등장한 진화휘투이는 이탈리아의 프로슈토 디 파르마Prosciutto di Parma, 스페인의 하몬 세라노Jamón serrano와 함께 세계 3대 햄으로 꼽힙니다. 소금에 절여 색이 불처럼 붉다 하여 휘투이火腿라고 부르며 중국 강남 지역에서 널리 쓰이는 고급 식재료입니다. 훈제와 숙성이 가져다주는 오묘하고 깊은 맛이 궁금하다면, 라러우를 강력히 추천합니다.

중국 채소 안내서

자주 먹는 채소만 꼽아도 6백여 종에 달하는
중국의 온갖 채소들이
생각지도 못한 조리법으로 재탄생합니다.

구 소련의 육종학자 바빌로프는 세계 8대 재배 작물의 중심 기원지로 중국, 인도, 중앙아시아, 근동, 지중해, 에티오피아, 남 멕시코, 남아메리카를 꼽았습니다.

　중국은 땅이 넓고 다양한 기후대에 걸쳐 있어서 각양각색의 채소들이 자라납니다. 무, 죽순, 생강, 부추, 대파, 배추 등 수많은 채소가 중국 땅에서 난 것들입니다. 게다가 중국 사람들은 외래의 식재료들을 잘 받아들여 재해석해 먹습니다. 가지, 오이, 완두 콩, 양파, 당근, 토마토와 같은 온갖 채소들이 생각지도 못한 조리법으로 재탄생합니다.

　자주 먹는 채소만 꼽아도 6백여 종에 달하는 중국의 마트를 돌다 보면, 생전 본 적 없는 채소들 사이를 누비다 방황하게 됩니다. 과연 이 많은 채소들의 이름이 무엇이고 어떻게 해 먹는지 궁금할 때가 있습니다. 흥미롭게도 지역마다 선호하는 채소들이 달라 행정 구역 하나만 넘어가도 전혀 다른 채소 시장의 풍경을 마주하게 됩니다.

중국에서 자주 먹는 채소 열 가지

둥과冬瓜

겨울에 나는 박이라 하여 둥과冬瓜라 이름 붙여진 이 채소는 크기는 수박의 두 배, 껍질을 벗겨 썰어놓으면 무와 비슷합니다. 무에 비해 훨씬 부드러운 식감으로 씹지 않아도 입안에서 쉽게 으스러지기 때문에 주로 탕에 넣어 먹습니다. 제비집, 장어 등 보양식과도 궁합이 잘 맞습니다. 둥과중冬瓜盅이라는 요리는 둥과 자체를 용기로 씁니다. 둥과 겉면에 여러 가지 상서로운 무늬

를 새겨 넣고 그 안에 국물을 담아 결혼식이나 연회석에 자주 올립니다.

쿵신차이 空心菜 (공심채)

중국에서 자주 먹는 채소입니다. 줄기의 속이 비었다 하여 쿵신차이 空心菜라 불리며 모닝글로리라는 예쁜 이름도 있습니다. 아삭한 식감이 미나리와 비슷하지만 향이 덜해 다른 식재료들과 잘 어우러집니다. 다진 마늘이나 간장을 곁들여 볶아도 훌륭한 요리가 되는, 조리하기 수월한 채소입니다.

유차이 油菜 (청경채)

저렴한 마라탕부터 고급 중식당에서까지 자주 보이는 유차이는 데쳐서 장식으로도 쓰고 어떤 소스와도 잘 어울리는 조화를 보여줍니다. 생긴 것은 배추와 비슷하지만 줄기 부분이 훨씬 더 단단합니다. 훠궈를 먹을 때 꼭 시켜 먹는 채소 중의 하나입니다.

더우자오 豆角 (줄기콩)

중국에서 볶음 요리로 자주 볼 수 있는 줄기콩입니다. 더우자오 豆角, 스지더우 四季豆, 창더우자오 長豆角 등 여러 가지 종이 있습니다. 넓적한 모양도 있고 동글동글하고 길쭉한 모양도 있습니다.

콩의 고소한 맛과 줄기 특유의 식감이 어우러져 돼지고기와 함께 먹기도 하고 다진 마늘과 고추를 듬뿍 넣어 볶아서도 먹습니다.

샹차이香菜(고수)

한국에서 고수로 알려진 샹차이는 약방의 감초처럼 많은 중국요리에 꼭 들어가는 향신료입니다. 기름기 많은 음식의 맛을 잡아주는 데 탁월하지요. 앞에서도 소개했듯 냉채 요리나 탕 요리, 볶음 요리에 파와 함께 고명으로 자주 얹어 먹습니다. 샹차이 향을 즐기는 사람들은 샹차이만 따로 무쳐 먹기도 하고 샤브샤브에 넣어 먹기도 합니다.

쿠과苦瓜(여주)

오이를 닮았으나 표면에 우둘투둘한 사마귀 같은 돌기가 자라 있습니다. 맛이 쓰다 하여 쿠과苦瓜라 부릅니다. 고기류, 달걀과 곁들이면 쓴맛이 완화되어 함께 볶아 먹습니다. 해열, 해독 작용이 있어 남방 지역에서 자주 먹으며 혈당 조절에 뛰어난 효과가 있어 천연 인슐린으로 알려졌습니다.

추쿠이秋葵(오크라)

한국에서는 흔하지 않지만 중국에서는 흔히 먹는 채소로 단

면을 자르면 예쁜 별 모양이라 음식을 장식할 때 자주 쓰입니다. 끈끈한 점액은 위장을 보호하는 기능을 하며 전체적으로 영양가 높은 채소입니다.

친차이芹菜(샐러리)

돼지고기와 함께 볶아 먹거나 땅콩과 곁들여 차가운 요리로 무쳐 먹기도 하고 만두소로도 자주 사용합니다. 샐러리 특유의 향 때문에 호불호가 갈리지만 중국 가정에서는 부추나 시금치만큼 자주 먹는 채소입니다.

자오바이茭白

어린순이 죽순과 비슷하고 하얀 색을 띱니다. 얇게 저며서 돼지고기 또는 닭고기와 볶아 먹으며 간장, 식초와 잘 어울리는 채소입니다. 중국에서는 오래전부터 식용으로 즐겼는데 이뇨 작용 및 원기 회복에 좋습니다.

자차이榨菜

양꼬치 가게나 중국집에 가면 정말 많이 볼 수 있는 채소입니다. 자차이를 중국식 반찬 이름이라 오해하기 쉽지만, 사실 반

찬 이름이 아닌 채소 이름입니다. 이 채소는 갓과 비슷하게 생겼는데 뿌리를 소금에 절여서 얇게 썰어 고추기름과 함께 무치면 우리가 흔히 보는 모습이 됩니다. 자차이 뿌리는 무쳐서 반찬으로도 먹고 고기 볶음이나 탕으로도 자주 먹습니다.

중국 의학서 《황제내경黃帝內經》에는 아래와 같은 건강법이 등장합니다. "다섯 가지 곡식으로 키우고 다섯 가지 열매로 조력하며, 다섯 가지 동물로 이롭게 하되 다섯 가지 야채로 보충한다五穀爲养, 五果爲助, 五畜爲盖, 五菜爲充." 수천 년간 중국인들은 사람의 몸과 정신을 세우는 기본이 균형 잡힌 식사임을 배우고 실천해 왔습니다.

현대인들은 고대에 비해 훨씬 다양한 채소와 식재료들을 먹을 수 있지만 간편한 식사와 인스턴트 음식을 선호하게 되어 오히려 건강에 적신호가 들어오고 있습니다. 다양한 채소에 눈을 돌려 선인들의 균형 잡힌 식사를 하려는 노력을 되돌아보아야 하지 않을까 하는 생각이 듭니다.